人工智能与区块链原理及应用研究

胡宁玉　邸东泉　著

天津出版传媒集团
天津科学技术出版社

图书在版编目(CIP)数据

人工智能与区块链原理及应用研究 / 胡宁玉, 邸东泉著. -- 天津 : 天津科学技术出版社, 2022.10

ISBN 978-7-5742-0558-1

Ⅰ. ①人… Ⅱ. ①胡… ②邸… Ⅲ. ①人工智能 - 研究②区块链技术 - 研究 Ⅳ. ①TP18②F713.361.3

中国版本图书馆CIP数据核字(2022)第184285号

人工智能与区块链原理及应用研究

RENGONG ZHINENG YU QUKUAILIAN YUANLI JI YINGYONG YANJIU

责任编辑：张　萍

责任印制：兰　毅

出　　版：天津出版传媒集团
天津科学技术出版社

地　　址：天津市西康路35号

邮　　编：300051

电　　话：（022）23332490

网　　址：www.tjkjcbs.com.cn

发　　行：新华书店经销

印　　刷：定州启航印刷有限公司

开本 710×1000　1/16　印张 16.75　字数 260 000

2022年10月第1版第1次印刷

定价：98.00元

前言

进入21世纪以来，以大数据、物联网、区块链、人工智能为代表的新一代信息技术的发展正在加速推进全球产业深化和经济结构调整，也正在重塑全球创新版图和经济竞争格局。世界正在进入以信息产业为主导的经济发展时期，新一代信息技术加速与实体产业融合，新平台、新模式、新业态不断涌现，演进脉络逐步清晰，产业发展的网络化、数字化、智能化趋势愈发明显，数字经济时代大幕正在开启。

区块链和人工智能两大新兴技术的高速发展开辟了全球技术应用与创新的热土，成为产业升级和变革的核心力量。其不断集聚创新资源与要素，与场景深度融合，引发了诸多新业务形态、新商业模式，丰富了数字经济的内涵，加速了数字经济的发展。其中，区块链被认为是继蒸汽机、电力、信息和互联网技术之后最有潜力引发颠覆式创新的技术之一，近年来受到全球热捧。区块链技术被誉为“信任的机器”，有望推动人类从信息互联网步入价值互联网时代，并引发组织形态和协作方式的变革。作为一个新兴技术，区块链的去中心化、防篡改、可追溯等特点天然契合金融领域众多行业的需求。基于区块链技术，全球金融业的基础框架正在被重建，金融创新与产品迭代正在大幅加速，金融运行效率正在不断提高，信用传递交换机制也正在被重建。

区块链和人工智能技术作为当前备受产业界关注的新兴信息技术，它们之间的融合发展趋势不可阻挡，由此形成的新理念、新模式和新业态将丰富数字经济的内涵，加速智能化数字经济时代的到来，让我们共同期待！

本书由邸东泉、胡宁玉共同撰写完成，其中邸东泉负责第一至六章第四节的撰写共计约13.8万字，胡宁玉负责第六章第五节及第七至第十一章的撰写，共计约12.2万字。鉴于作者知识水平有限且时间仓促，书中难免存在疏漏与不足，望广大读者和专家学者予以斧正。

目　录

contents

第一章　区块链与人工智能概述

第一节 区块链简介

一、大数据和区块链比较分析

大数据和区块链两者之间有个共同的关键词：分布式，代表了一种从技术权威垄断到去中心化的转变。

（一）分布式存储：HDFS 和区块

大数据，需要应对海量化和快增长的存储，这要求底层硬件架构和文件系统在性价比上要大大高于传统技术，能够弹性扩张存储容量。谷歌的 GFS 和 Hadoop 的 HDFS 奠定了大数据存储技术的基础。另外，大数据对存储技术提出的另一个挑战是多种数据格式的适应能力，因此现在大数据底层的存储层不只是 HDFS，还有 HBase 和 Kudu 等存储架构。

区块链，是比特币的底层技术架构，它在本质上是一种去中心化的分布式账本。区块链技术作为一种持续增长的按序整理成区块的链式数据结构，通过网络中多个节点共同参与数据的计算和记录，并且互相验证其信息的有效性。从这一点来说，区块链技术也是种特定的数据库技术。由于去中心化数据库在安全、便捷方面的特性，很多业内人士看好其发展，认为它是对现有互联网技术的升级与补充。

（二）分布式计算：MapReduce 和共识机制

大数据的分析挖掘是数据密集型计算，需要巨大的分布式计算能力。节点管理、任务调度、容错和高可靠性是关键技术。Google 和 Hadoop 的 MapReduce 是这种分布式计算技术的代表，通过添加服务器节点可线性扩展系统的总处理能力（scale out），在成本和可扩展性上都有巨大的优势。现在，除了批计算，大数据还包括了流计算、图计算、实时计算、交互查询等计算框架。区块链的共识机制，就是所有分布式节之间达成共识，通过算法来生成和更新数据，去认定一个记录的有效性，这既是认定的手段，也是防止篡改的手段。

区块链主要包括 4 种不同的共识机制，适用于不同的应用场景，在效率和安全性之间取得平衡。以比特币为例，采用的是“工作量证明”（proof of work，POW），只有在控制了全网超过 51% 的记账节点的情况下，才有可能伪造出一条不存在的记录。

（三）IT 技术发展的分分合合

和人类社会一样，IT 技术的发展也呈现出“合久必分，分久必合”的特点，即集中与分布的螺旋式上升。计算机诞生初期，仅能实现对单一媒体的使用，是集中化的。为了使一台大型机同时为多个客户提供服务，IBM 公司引入了虚拟化的设计思想，使得多个客户在同时使用同台大型机时，就好像将其分割成了多个小型化的虚拟主机，是时分复用的集中式计算。进入小型机和 PC 时代，一对一的使用回归，不过设备已经分散到了千家万户。进入互联网时代，C/S 模型的客户端和服务器是分布式计算，只不过服务器之间还是分散的。

进入云计算时代，计算能力又被管控起来，在客户端和服务器的分布式计算基础之上，服务器之间也开始进行分布式协同工作。因为协同，所以也可以认为它们在整体上是一种集中式的计算服务。进入大数据时代，云计算成为大数据基础设施，也使得大数据的核心思想和云计算一脉相承。MapReduce 将任务分解进行分布式计算，然后将结果合并从而实现了信息的整合分析。区块链则是纯粹意义上的分布式系统。

二、区块链技术

区块链（blockchain）是近年来最具革命性的新兴技术之一。区块链技术发源于比特币（bitcoin），其以去中心化方式建立信任等突出特点，对金融等诸多行业来说极具颠覆性，具有非常广阔的应用前景，受到各国政府、金融机构、科技企业、爱好者和媒体的高度关注。

（一）区块链分析

2016 年 1 月 20 日，中国人民银行官方网站上发表了一条题为《中国人民银行数字货币研讨会在京召开》的新闻，这一消息迅速在各大主流新闻媒体和比特币、区块链爱好者社区中传播，成为推动区块链技术在国内迅速升温的“导火线”。这是自从 2013 年 12 月 5 日中国人民银行、工信部、银监会、证监会和保监会五部委联合发布《关于防范比特币风险的通知》以来，首次公开对比特币底层技术——区块链技术进行高度评价。

区块链的英文是 blockchain，字面意思就是（交易数据）块（block）的链（chain）。区块链技术首先被应用于比特币，如图 1–1 所示。比特币本身就是第一个，也是规模最大、应用范围最广的区块链。

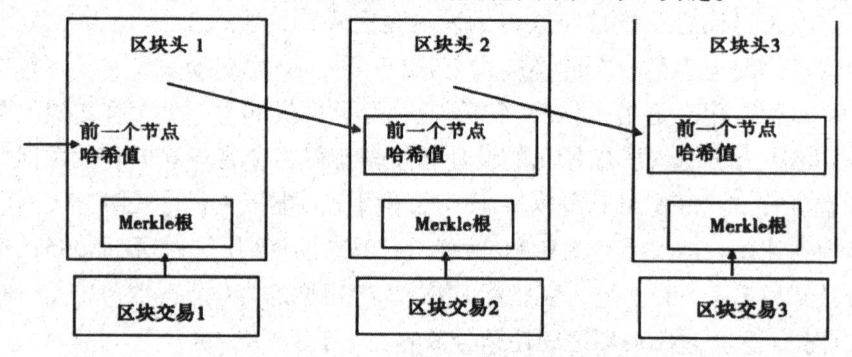

图 1–1　简化的比特币区块链示意图

（二）区块链和区块链技术的定义

目前，关于区块链没有统一的定义，综合来看，区块链就是基于区块链技术形成的公共数据库（或称公共账本）。其中区块链技术是指多个参与方之间基于现代密码学、分布式一致性协议、点对点网络通信技术和智能合约编程语言等形成的数据交换、处理和存储的技术组合。同时，区块链技术本身仍在不断发展和演化。

（三）区块链分类

根据参与方分类，区块链可以分为：公共链（public blockchain）、联盟链（con.sortium blockchain）和私有链（private blockchain）。从链与链的关系来分，可以分为主链和侧链。而且，不同区块链还可以形成网络，网络中链与链互联互通，产生互联链（interchain）的概念。

1. 公共链

公共链对外公开，用户不用注册就能匿名参与，无须授权即可访问网络和区块链。节点可选择自由出入网络。公共链上的区块可以被任何人查看，而且任何人可以在公共链上发送交易，还可以随时参与网络上达成共识的过程，即决定哪个区块可以加入区块链并记录当前的网络状态。公共链是真正意义上的完全去中心化的区块链，它通过密码学保证交易不可篡改，同时也利用密码学验证以及经济上的激励，在相互陌生的网络环境中建立共识，从而形成去中心化的信用机制。在公共链中的共识机制一般是工作量证明（PoW）或权益证明（PoS），用户对共识形成的影响力直接取决于他们在网络中拥有资源的占比。

公共链通常也称为非许可链（permissionless blockchain），如比特币和以太坊等都是公共链。公共链一般适合于虚拟货币、面向大众的电子商务、互联网金融等 B2C、C2C 或 C2B 等应用场景。

2. 联盟链

联盟链（consortium blockchain）仅限于联盟成员参与，区块链上的读写权限、参与记账权限按联盟规则来制定。由 40 多家银行参与的区块链联盟 R3 和 Linux 基金会支持的超级账本（hyperledger）项目都属于联盟链架构。联盟链是一种需要注册许可的区块链，这种区块链也称为许可链（permissioned blockchain）。

联盟链的共识过程由预先选好的节点控制。一般来说，它适合机构间的交易、结算或清算等 B2B 场景。例如，银行间的支付、结算、清算系统就可以采用联盟链的形式。将各家银行的网关节点当作记账节点，当网络上有超过 2/3 的节点则确认一个区块，该区块记录的交易将得到全网确认。联盟链可以根据应用场景来决定对公众的开放程度。由于参与共识的节点比较少，联盟链一般不采用工作量证明的挖矿机制，而多采用权益证明或实用拜占庭容错（practical byzantine fault tolerance，PBFT）等共识算法。联盟链中的交易确认时间、每秒交易数都与公共链中的有较大区别，对安全和性能的要求也比公共链高。

联盟链网络由成员机构共同维护，且一般通过成员机构的网关节点接入。联盟链平台应提供成员管理、认证、授权、监控、审计等安全管理功能。

银行间结算是非常碎片化的流程，每个银行各自有一套账本，对账困难，有些交易有时要花几天才能完成校验和确认。同时，其流动性风险很高，在监管报送方面非常烦琐，也容易出现人为错误，结算成本很高。

针对这种情况，R3 联盟构建了一个银行同业的联盟链以解决相关问题。利用区块链技术，银行同业间可以共享一个统一的账本，省掉对账的烦琐工作，使交易可以做到接近实时的校验和确认、自动结算，同时监管者可以利用密码学的安全保证来审计不可篡改的日志记录。

R3 联盟将开发 Corda 分布式账本来实现未来愿景。Corda 的名字来源有两个，该名字前半部分听起来像 Accord（协议），后半部分来自 Chord 的定义。这个圆就代表 R3 联盟中的银行机构。从目前公开的资料来看，Corda 具有以下特点：

（1）数据不一定要全局共享，只有满足合法需求的一方才能在一个协议里访问数据。

（2）Corda 不用一个中心化的控制就可以编排联盟成员的工作流。

（3）Corda 就联盟成员之间的每笔交易达成共识，而不是在联盟机构的系统层面达成共识。

（4）Corda 的设计直接支持监管者监督和合规性监控。

（5）交易由参与交易的机构进行验证，而不会报告与交易无关的机构。

（6）支持不同的共识机制。

（7）明确记录智能合约与用书面语言撰写的法律文件之间的关联。

（8）采用工业标准的工具来构建 Corda 平台。

（9）不设虚拟货币。

Corda 平台注重互操作性和渐进部署，不会将保密信息发布给第三方。一个机构可以和对手机构看到一组协议，并可以保证对手机构看到的是同样内容，同时报送给监管机构。Corda 包括共识、校验、独一性、永恒性和认证等功能。

3. 私有链

私有链仅在私有组织中使用，区块链上的读写权限、参与记账权限按私有组织规则来制定。私有链一般应用于企业内部，如数据库管理、审计等。也有一些比较特殊的组织情况，如在政府行业的一些应用：政府的预算和执行，或者政府的行业统计数据，这个一般来说由政府登记，但公众有权利监督。私有链的价值主要是提供安全、可追溯、不可篡改、自动执行的运算平台，可以同时防范来自内部和外部对数据的安全攻击。央行发行数字货币可能就是一种私有链。和联盟链类似，私有链也是一种许可链。币科学（coin science）公司推出供企业建立私链的多链（multichain）平台。它提供保护隐私和权限控制的区块链平台，来克服在金融行业里碰到的推广区块链技术的障碍。多链的目标有以下3个：

（1）保证区块链上的活动只能由选择的参与者看到。

（2）引入机制来控制哪些是被允许的交易。

（3）提供安全的挖矿机制，同时不需要工作量证明以及与其相关的成本。多链把挖矿权限制在一组实名的矿工范围，解决了一方垄断挖矿过程的问题。不像比特币那样只支持一条区块链，多链可以方便地配置多条区块链，并让用户同时用多条链。这样的话，机构用户可以让管理员配置区块链而不需要由区块链专业开发者来做。

多链让用户在一个配置文件中配置区块链的所有参数，这些参数包括：

（1）区块链的协议，如是私有链还是像比特币那样的公共链。

（2）目标区块产生时间，例如 Imin。

（3）权限，例如所有人能连接，只有一些人能发送或接收交易。

（4）挖矿的不同形式（只适合于私有链）。

（5）建立、移除管理员和矿工所需要的共识的程度，以及在建立期不需要强制执行的期限（只适合于私有链）。

（6）矿工的报酬，如每区块 50 个币，然后每 210 000 个区块减半付酬。

（7）邻节点连接和 JSON RPC API 的 IP 端口，如 8571、8570。

（8）允许的交易类型，如 paytoaddress、paytomultisig、paytoscripthash 等。

（9）最大的区块大小，如 IMB。

（10）每个交易的最大元数据（OP–RETURN），如 4KB。

多链在节点的“握手”连接过程如下：

（1）每个节点提供它的公共地址，使其他节点能将它的地址包括在允许连接的清单中。

（2）每个节点验证邻节点的地址是在它的授权连接的节点清单里。

（3）每个节点发一个盘问（Challenge）消息给其他节点。

（4）每个节点发回一个回复盘问信息的签名，证明拥有它们的对应公共地址的私钥。

（5）如果双方对对方回复不满意，可随时中断连接。

在多链里，所有权限的授予和回收都是通过包含特殊元数据的网络交易来实现的。找到创世区块的矿工自动被授予所有的权限，包括管理其他用户的管理员权限。管理员通过发交易给其他用户，并在交易的输出中包含授权用户的地址以及授权信息的元数据，来授予其他用户相应的权限。当要改变其他用户的管理和挖矿权限的时候，一个额外的限制条件是要由现有的管理员投票来决定。这些管理员的投票需要登记在不同的交易中，只有当足够的共识形成之后才能通过改变。

多链在很多方面的设计是为了使得用户能够在私链和比特币区块链之间进行双向迁移。多链是基于比特币核心的一个分叉。所有的对比特币的代码的改变都是本地化的改变。未来比特币的升级功能可以并入多链的本地代码。它基于比特币的协议、交易和区块链架构为基础，只是在握手协议上有所改变，同时其他的功能是通过元数据，及改变交易和区块的验证规则来实现的。其在接口方面与比特币完全兼容，所有的新功能通过新的命令来提供。

它可以做成普通比特币网络的一个节点。

多链提供一个在企业内快速部署私链的解决方案。可以用于去中心化交易所、数据库同步、货币结算、债券发行和 P2P 交易、消费行业积分奖励机制等场景。

4. 侧链

比特币主要是按其设计者中本聪的思想设计的一个虚拟货币系统，虽然很成功，但是其规则已经相对固定，人们很难在比特币上做大的修改，因为这些修改会引起分叉，影响现有的比特币用户。因此，要在比特币平台上进行创新或扩展是比较困难的。一般来说，大部分代币系统用比特币平台做基础，重构一条区块链，然后在上面使用新的规则发新的虚拟货币。然而，这些代币系统要从无到有得到人们的价值认可是非常困难的，通常的办法是与比特币挂钩，相当于用比特币作为储备来发行代币，这样就可以完成代币的货币价值认可过程。但随之而来的问题是如何自动保障代币和比特币挂钩，因为虚拟货币的一个特点就是价格波动非常大，一般人都不愿意持有波动大、流动性差的代币。一个直接的想法就是通过比特币平台和代币平台的整合来做到实时的挂钩。

“比特币”的区块链在概念上独立于作为资产的比特币。相应技术支持在不同的区块链上转移资产，这样新的系统可以重用原先的比特币。贝克提出一个侧链（side chains）的概念。所谓侧链，就是能和比特币区块链交互，并与比特币挂钩的区块链。贝克列出了侧链的一些属性：

（1）一个用户在一条链上的资产被转移到另一条链上后，还应该可以转移回到原先链上的同一用户名下。

（2）资产转移应该没有对手卷款逃跑的风险，也就是不诚实的用户没能力阻碍资产转移的发生。

（3）资产的转移必须是原子操作，也就是要么全发生，要么不发生。不应该出现丢失资产或欺诈性增加资产的情况。

（4）侧链间应该有防火墙。一条侧链上的软件错误造成链上资产的丢失或增加不会影响另一条链上的资产的丢失或增加。

（5）即使在资产的转移过程中发生区块链的重组，也不应出现问题。任何区块链重组造成的中断，应该局限在本条侧链上，不应影响其他区块链。通常侧链之间最好能相互独立，只有当存在明确的侧链相关共识规则时才需要去检查另一条侧链来对其他侧链进行验证。

（6）用户不需要跟踪不经常使用的侧链，比特币是大家公认的公共链，是很多代币的基础。但比特币的设计规则决定了比特币有一定的局限，如平均每 10 min 出一个区块，每个区块 1MB 大小限制，这使得大概每秒才能确认 7 笔交易，这种交易速度很多时候不能满足业务需求。因此，通过侧链来提升效率，扩展比特币功能是一个非常有效的做法。比如，闪电网络把很多交易放在侧链，只有在做清算时才用上主链，这样一来可以极大地提升交易速率，又不会增加主链的存储负担。

5. 互联链

针对特定领域的应用可能会形成各自垂直领域的区块链，这些区块链会有互联互通的需求，这样这些区块链也会通过某种互联互通协议连接起来。这种区块链上的互联互通促成了互联链，催生了区块链全球网络。

（四）区块链价值与应用

鉴于各个区块链采取的技术组合不同，区块链展现出的特点也大不相同，但是需要指出的是，区块链技术是一揽子技术，可以根据业务的需要进行有针对性的组合和创新。

总体来说，去中心化信用机制是区块链技术的核心价值之一，因此区块链本身又被称为“分布式账本技术”“去中心化价值网络”等。自古以来，信用和信任机制就是金融和大部分经济活动的基础，随着移动互联网、大数据、物联网等信息技术的广泛应用，以及工业 4.0 等新一代工业革命的开启，网络空间的信用作为数字化社会的基石的作用显得更加重要。传统上，信用机制是中心化的，而中心化的信任和信用机制必然导致中心化机构成为价值链的核心，也容易引发问题。区块链技术首先在人类历史上促成了去中心化的大规模信用机制，在消除中心机构“超级信用”的同时，可保证信用机制安全、高效地运行。

具体来看，区块链的颠覆性价值至少包括以下 5 个方面。

1. 简化流程，提升效率

由于区块链技术是参与方之间通过共享共识的方式建立的公共账本，形成对网络状态的共识，因此区块链中的信息天然就是参与方认可的、唯一的、可溯源的、不可篡改的信息源，因此原来许多重复验证的流程和操作就可以简化，甚至消除，如银行间的对账、结算、清算等，从而大幅提升操作效率。

2. 降低交易对手的信用风险

与传统交易需要信任交易对手不同，区块链技术可以使用智能合约等方式，保证交易多方自动完成相应义务，确保交易安全，从而降低对手的信用风险。

3. 减少结算或清算时间

由于参与方的去中心化信任机制，区块链技术可以实现实时的交易结算和清算，实现金融“脱媒”，从而大幅降低结算和清算成本，减少结算和清算时间，提高效率。

4. 增加资金流动性，提升资产利用效率

区块链的高效性以及更短的交易结算和清算时间，使交易中的资金和资产需要锁定的时间减少，从而可以加速资金和资产的流动，提升价值的流动性。

5. 提升透明度和监管效率，避免欺诈行为

区块链技术可以更好地对所有交易和智能合约进行实时监控，并且以不可撤销、不可抵赖、不可篡改的方式留存，方便监管机构实现实时监控和监管，同时也方便自动化合规处理，从而提升透明度，避免欺诈行为，更高效地实现监管。

区块链的创新性最大的特点不在于单点技术，而在于一揽子技术的组合，在于系统化的创新，在于思维的创新。而正是由于区块链是非常底层的、系统性的创新，区块链技术和云计算、大数据、人工智能、量子计算等新兴技术一起，被认为是最具变革性的新兴技术之一。其中，金融服务领域是即将被颠覆的关键领域之一，除此之外，区块链还可以被广泛应用于物联网、移动边缘计算等去中心化控制领域，以及智能化资产和共享经济（如自动驾驶汽车、智能门锁 + 租赁）等一系列潜在可应用的领域。下面重点介绍几类区块链变革金融服务的场景。

第一，金融领域的结算和清算。由于交易双方互不信任，因此金融机构需要通过处于中心位置的清算结构来完成资产清算和账本的确认，这类涉及多个交易主体且互不信任的应用场景就非常适合使用区块链技术。原则上，可以直接在金融之间构建联盟链，那么机构之间只需要共同维护同一个联盟区块链，即可实现资产的转移和交易。

第二，数字货币。货币是一种价值存储和变换的载体，过去都是由中央法定机构集中发行的。以比特币为例，正是由于其非中心化的信任机制，虽然先后经历多次交易所倒闭、“虚拟货币”非法使用被查抄、多个政府禁止使用等危机，但比特币经受住了所有这些考验，目前仍能稳定运行。比特币的出现和稳定运行，可以说完全颠覆了人们对于货币的认识。相信区块链技术或者说分布式账本技术会在数字货币技术体系中占据重要地位。

第三，跨境支付。另一个区块链可颠覆的金融服务就是跨境支付，通常跨境支付到账时间长达几天甚至一个星期。除此之外，跨境支付需要双边的用户都向当地银行提供大量开户资料和证明，以配合银行的合规性要求，而参与交易的银行和中间金融机构还需要定期报告，以达到反洗钱等其他合规性要求。这是一个典型的涉及多方主题的交易场景，

区块链技术可以应用在多个环节。区块链技术，一方面可以减少用户重复提交证明材料，提升效率，另一方面可以更好地实现合规、实时性等，大幅提升金融机构的运行效率，提升监管效率。此外，由于区块链技术可以促使银行等金融机构之间直接实现资金和资产的转移，因此可以去掉高昂的中间费用。此外，还可以结合智能合约等技术，在合约中规定好实施支付的条件，在支付的同时保证义务的实施，提升交易的安全性。

第四，财产保险。财险是除寿险之外最大的保险。传统上，财险理赔是用户的痛点和成本瓶颈，估计理赔成本的占比至少高达保险公司收入的11%。而且由于理赔过程中用户需要提供大量的资料，客户体验往往非常不好。由于每个理赔可能会涉及大量的手工操作，因此需要占用大量的人力、物力来进行理赔处理。此外，由于保险公司各自为政，财险理赔还需要对抗保险欺诈。而区块链技术则可以很好地缓解财险理赔的用户痛点，降低理赔成本。首先区块链可以减少客户提供理赔资料和证明的负担，如果资产可以智能化地嵌入智能合约，则资产可具备自动启动理赔流程的能力，甚至可以实现自动化理赔，大幅加速理赔过程，改善客户体验，甚至可以在联盟成员之间进行合理的数据共享，有效地发现和排除保险欺诈。其次，区块链技术的应用可以大幅度减少保险公司对中介代理服务人员的需求，从而大幅度降低运营成本。最后，区块链还可以广泛应用在物联网、边缘计算、存在性证明等许多领域。此处，特别强调的是关于区块链的应用可能层出不穷，关键还是要理解区块链技术的内涵和变革原理，深刻体会区块链去中心化的系统化思维，从而可以结合自身对相关行业的理解和需求，创造出新的解决方案、新的价值。

三、大数据和区块链比较分析

大数据和区块链两者之间有个共同的关键词：分布式，代表了一种从技术权威垄断到去中心化的转变。

（一）分布式存储：HDFS和区块

大数据需要应对海量化和快增长的存储，这要求底层硬件架构和文件系统在性价比上要大大高于传统技术，能够弹性扩张存储容量。谷歌的GFS和Hadoop的HDFS奠定了大数据存储技术的基础。另外，大数据对存储技术提出的另一个挑战是多种数据格式的适应能力，因此现在大数据底层的存储层不只是 HDFS，还有 HBase 和 Kudu 等存储架构。

区块链是比特币的底层技术架构，它在本质上是一种去中心化的分布式账本。区块链技术作为一种持续增长的、按序整理成区块的链式数据结构，通过网络中多个节点共同参与数据的计算和记录，并且互相验证其信息的有效性。从这一点来说，区块链技术也是一种特定的数据库技术。由于去中心化数据库存在安全、便捷特性，很多业内人士看好其发展，认为它是对现有互联网技术的升级与补充。

（二）分布式计算：MapReduce 和共识机制

大数据的分析挖掘是数据密集型计算，需要巨大的分布式计算能力。节点管理、任务调度、容错和高可靠性是关键技术。Google 和 Hadoop 的 MapReduce 是这种分布式计算技术的代表，通过添加服务器节点可线性扩展系统的总处理能力（scale out），在成本和可扩展性上都有巨大的优势。现在，除了批计算，大数据还包括了流计算、图计算、实时计算、交互查询等计算框架。

区块链的共识机制，就是所有分布式节之间怎么达成共识，通过算法来生成和更新数据，去认定一个记录的有效性，这既是认定的手段，也是防止篡改的手段。区块链主要包括 4 种不同的共识机制，适用于不同的应用场景，在效率和安全性之间取得平衡。以比特币为例，采用的是“工作量证明”（proof of work，POW），只有在控制了全网超过 51% 的记账节点的情况下，才有可能伪造出一条不存在的记录。

（三）IT 技术发展的分分合合

和人类社会一样，IT 技术的发展也呈现出“合久必分，分久必合”，即集中与分布的螺旋式上升。计算机诞生初期，仅能实现一对一的使用，是集中化的。为了使得一台大型机能够同时为多个客户提供服务，IBM 公司引入了虚拟化的设计思想，使得多个客户在同时使用同一台大型机时，就好像将其分割成了多个小型化的虚拟主机，是时分复用的集中式计算。

进入小型机和 PC 时代，回归了一对一的使用，不过设备已经分散到了千家万户。进入互联网时代，C/S 模型的客户端和服务器是分布式计算，只不过服务器之间还是分散的。

进入云计算时代，计算能力又被统一管控起来，在客户端和服务器的分布式计算基础之上，服务器之间也开始了分布式协同工作。因为协同，所以也可以认为它们在整体上是一种集中式的计算服务。

进入大数据时代，云计算成为大数据基础设施，也使得大数据的核心思想和云计算一脉相承。MapReduce 对任务分解进行分布式计算，然后将结果合并，从而实现了信息的整合分析。

区块链是纯粹意义上的分布式系统。

（四）什么力量造成了集中与分布的此消彼长

什么力量造成了集中与分布的此消彼长？关于这一问题，人们可以从历史中试着寻找答案。

商业需要集中，希望通过产品实现更好的控制和更高的利润。但随着产品集中度的不断上升，系统会越来越复杂，实现的难度越来越大，沟通、交流和管理的成本也越来越高，最终变得不经济。

社会需要分工，让专业的人做专业的事，埃米尔·涂尔干（Émile Durkheim）的《社会分工论》谈到，“分工使社会像有机体一样，每个成员都为社会整体服务，同时又不能脱离整体，分工就像社会的纽带，故谓之‘有机团结’”。

分布式技术的诞生，正是基于这种思想。产品功能被分解并分布到不同的节点上去完成，节点之间通过网络实现沟通。分布式系统中的一些节点或因为商业上的成功，重新成为“集中化”的节点，但随着时代的改变，它们终将会进入新一轮的分布式周期，如此往复。

集中和分布不是光谱的两端，任何伟大的产品，都是商业和技术的“有机团结”。以上是区块链与大数据之间的一些相同点，接下来试着分析两者之间的不同点。

两者属于不同的时代，区块链是继大数据之后的又一次技术革命。

技术成熟度曲线（the hype cycle）是咨询公司 Gartner 用来分析和预测各种新科技的成熟演变速度及所需时间的著名工具。

2011 年，“大数据”第一次上榜，位于技术萌芽期的爬坡阶段，当时还统称为“big data and extreme information processing and management”（“大数据”和极端信息处理和管理）。2012 年其更进一步，并在 2013 年几乎达到了过热期顶峰。经历了 2014 年的下滑，从 2015 年开始，“大数据”突然从曲线中消失，可解读为 Gartner 对大数据的定位已从“新兴”转为“主流”。当前，大数据对于企业的意义已从能力要素上升为战略核心。

相对而言，“区块链”直到 2016 年才第一次出现，并直接进入“过热期”。总的来看，“大数据”和“区块链”所处的生命周期阶段大不相同，两者约有 5 年的差距。

1. 主要差异在何处

大数据通常用来描述数据集足够大、足够复杂，以致很难用传统的方式来处理。区块链能承载的信息数据是有限的，离“大数据”标准还差得很远。区块链与大数据有几种显著差异。

（1）结构化与非结构化。区块链是结构定义严谨的块通过指针组成的链，是典型的结构化数据，而大数据需要处理的更多的是非结构化数据。

（2）独立与整合。区块链系统为保证安全性，信息是相对独立的，而大数据关注的是信息的整合分析。

（3）直接与间接。区块链系统本身就是一个数据库，而大数据指的是对数据的深度分析和挖掘，是一种间接的数据。

（4）数学与数据。区块链试图用数学说话，区块链主张“代码即法律”，而大数据试图用数据说话。

（5）匿名与个性。区块链是匿名的（公开账本，匿名拥有者，相对于传统金融机构的公开账号，账本保密），而大数据意味着个性化。

2. 差异能否调和

CAP 定理（CAP theorem）又被称作布鲁尔定理（Brewer theorem），它指出一个分布式系统不可能同时满足以下 3 点：

（1）一致性（consistence）在分布式系统中的所有数据备份，在同一时刻是否有同样的值。

（2）可用性（availability）在集群中一部分节点故障后，集群整体是否还能响应客户端的读写请求。

（3）分区容忍性（partition tolerance）在集群中的某些节点无法联系后，集群整体是否还能继续进行服务。

由于当前的网络硬件肯定会出现延迟丢包等问题，所以分区容忍性是人们必须实现的。换句话说，CAP 定理表明必须在一致性（C）和可用性（A）之间进行权衡。具体到区块链和大数据来说，大数据是以牺牲一致性（C）来换取可用性（A）和分区容忍性（P）的，而区块链却优先保证了一致性（C）。

3. 可相互借鉴之处

通过 CAP 定理可以知道，区块链和大数据的诸多特性无法两全，需要针对具体场景，在多样化的取舍方案下设计出多样化的系统。

区块链是一种不可篡改的、全历史的分布式数据库存储技术，巨大的区块链数据集合包含着每一笔交易的全部历史，随着区块链技术的应用迅速发展，数据规模会越来越大，不同业务场景区块链的数据融合会进一步扩大数据规模和丰富性。

区块链以其可信任性、安全性和不可篡改性，让更多数据被解放出来，推进数据的海量增长。区块链的可追溯性使得数据从采集、交易、流通，到计算分析的每一步记录都可以留存在区块链上，使得数据的质量获得前所未有的强信任背书，也保证了数据分析结果的正确性和数据挖掘的效果。

区块链能够进一步规范数据的使用，精细化授权范围。脱敏后的数据交易流通，则有利于突破信息孤岛，建立数据横向流通机制，形成“社会化大数据”。基于区块链的价值转移网络，逐步推动形成基于全球化的数据交易场景。

区块链展现的是账本的完整性，数据统计分析的能力较弱。大数据则具备海量数据存储技术和灵活高效的分析技术，可极大提升区块链数据的价值和使用空间。

大数据的技术生态百花齐放，没有哪个软件能解决所有的问题，能解决问题也是在一个范围内，即使是 Spark、Flink 等。在强调透明性、安全性的场景下，区块链有其用武之地。在大数据的系统上使用区块链技术，可以使得数据不会被随意添加、修改和删除，当然其时间和数据量级是有限度的。

以时间、数据量为坐标轴，列出目前大数据引擎大致擅长处理数据的范围，区块链可在其中成为一种很好的补充。比如，对于存档的历史数据，因为它们是不能被修改的，我们可以对大数据做 Hash 处理，并加上时间戳，存在区块链之上。在未来的某一时刻，当需要验证原始数据的真实性时，可以对对应的数据做同样的 Hash 处理，如果得出的答案是相同的，则说明数据是没有被篡改过的。或者，只对汇总数据和结果做处理，这样只需要处理增量数据，那么应对的数据量级和吞吐量级可能是今天的区块链或改善过的系统可以处理的。

把大数据与区块链结合起来，能让区块链中的数据更有价值，也能让大数据的预测分析落实为行动，它们都将是数字经济时代的基石。

第二节　人工智能

一、人工智能的概念

人工智能是极具挑战性的领域。大数据、类脑计算和深度学习等技术的发展又掀起一次人工智能浪潮。目前，信息技术、互联网等领域几乎所有主题和热点，如搜索引擎、智能硬件、机器人、无人机和工业 4.0 等，其发展突破的关键环节都与人工智能有关。

1956 年，年轻学者约翰·麦卡锡（John McCarthy）和马文·明斯基（Marvin Lee Minsky）等共同发起和组织召开了用机器模拟人类智能的夏季专题讨论会。会议邀请了数学、神经生理学、精神病学、心理学、信息论和计算机科学等领域的 10 名学者参加，为期两个月。此次会议在美国的新罕布什尔州的达特茅斯召开，也称为达特茅斯夏季讨论会。

会议上，科学家运用数理逻辑和计算机的成果提供了关于形式化计算和处理的理论，模拟人类某些智能行为的基本方法和技术，构造具有一定智能的人工系统，让计算机完成需要人的智力才能胜任的工作。其中，明斯基的神经网络模拟器、麦卡锡的搜索法、西蒙和纽厄尔的“逻辑理论家”成为讨论会的三个亮点。

在达特茅斯夏季讨论会上，麦卡锡提议用人工智能（artificial intelligence）作为这一交叉学科的名称，定义为制造智能机器的科学与工程，标志着人工智能学科的诞生。半个多世纪以来，人们从不同角度、不同层面对人工智能进行了定义。

（一）类人行为方法

库兹韦勒（Kurzweil）提出，人工智能是一种创建机器的技艺，这种机器能够发挥需要人的智能才能实现的功能。这与图灵测试的观点吻合，是一种类人行为定义的方法。

1950年，艾伦·麦席森·图灵（Alan Mathison Turing）提出图灵测试，并给出了“计算”的定义：应用形式规则，对未加解释的符号进行操作。图1-2是图灵测试的示意图，将一个人与一台机器置于一间房间外，与房间内另外一个人分隔开来，并把房间内的人称为询问者。询问者不能直接见到屋外任何一方，也不能与其说话，因此询问者不知道到底哪一个实体是机器，只可以通过一个类似于终端的文本设备与其联系。询问者仅根据这个仪器提问收到的答案辨别出哪个是机器，哪个是人。如果询问者不能区别出机器和人，根据图灵的理论，就可以认为这个机器是智能的。

图1-2　图灵测试

图灵测试具有直观上的吸引力，为许多现代人工智能系统评价的基础。如果一个系统已经有可能在某个专业领域内实现智能，那么，可以比较它对一系列给定问题的反应与人类专家的反应，以对其进行评估。

图灵测试引发了很多争议，其中最著名的是塞尔（Searle）的“中文屋论证”。塞尔设想自己被锁在一间屋子里，屋子里有大批的中文文本，塞尔本人对中文一窍不通，也不能将中文文本与日文中的汉字和平假名/片假名一样的图形区别开来。这时，他又得到了与这个中文文本相联系的英文版规则书，由于塞尔的母语是英文，所以他认为自己可以轻易地理解并把握这本规则书。塞尔接收到了屋外传来的英文指令和中文问题，指令教他怎样将规则书与中文文本联系起来，以便得到答案。当塞尔对规则书和脚本足够熟悉的时候，就可以熟练地输出处理编写后的中文答案。一般人难以区分塞尔与母语讲中文的人，但是事实上，塞尔根本不懂也不理解中文，只是执行规则书上的“程序”。但是，这种行为成功地通过了图灵测试。基于这一点，塞尔认为即使机器通过了图灵测试，也不能说明机器就真的像人一样有思维和意识。

（二）类人思维方法

1978 年，贝尔曼提出人工智能是那些与人的思维、决策、问题求解和学习等有关活动的自动化，主要采用的是认知模型的方法——关于人类思维工作原理的可检测的理论。有两种方法可以确定人类思维的内部是如何工作的：内省或者心理学实验。一旦有了关于人类思维足够精确的理论，其就可能用计算机程序实现。如果该程序的输入 / 输出和实时行为与人的行为一致，就证明该程序可能按照人类模式运行。例如，艾伦·纽厄尔（Allen Newell）和赫伯特·西蒙（Herbert Alexander Simon）开发了“通用问题求解器”GPS。他们并不满足于仅让程序正确地求解问题，而更注重对程序的推理步骤轨迹与人对同一个问题的求解步骤进行比较。作为交叉学科的认知科学，把来自人工智能的计算机模型与来自心理学的实验技术结合起来，试图创立一种精确而且可以检验的人类思维工作方式理论。

20 世纪 50 年代末，有人通过对神经元的模拟提出了用一种符号标记另一些符号的存储结构模型，这是早期的记忆块概念。20 世纪 80 年代初，纽厄尔认为，通过获取任务环境中关于模型问题的知识可以改进系统的性能，记忆块可以作为对人类行为进行模拟的模型基础。通过观察问题求解过程，获取经验记忆块，并用其代替各个子目标中的复杂过程，可以明显提高系统求解的速度，由此奠定了经验学习的基础。1987 年，艾伦·纽厄尔（Allen Newell）、约翰·莱尔德（John Laird）和保罗·罗森布鲁姆（Paul Rosenbloom）提出了一个通用解题结构 SOAR。SOAR 是 state，operator and result 的缩写，即状态、算子和结果之意，意味着应用算子改变状态，以得到新的结果。SOAR 是一种理论认知模型，既从心理学角度对人类认知建模，又从知识工程角度提出了一个通用解题结构。SOAR 的学习机制是在外部专家的指导下学习一般的搜索控制知识。外部指导可以是直接劝告，也可以是给出一个直观的简单问题。系统把外部指导给定的高水平信息转化为内部信息表示，并强调学习搜索记忆块。

（三）理性思维方法

一个系统如果能够在所知范围内正确行事，就是理性的。古希腊哲学家亚里士多德（Aristotle）是率先试图严格定义“正确思维”的人之一，他将其定义为不能辩驳的推理过程。他的三段论方法给出了一种推理模式，当已知前提正确时总能产生正确的结论。例如，专家系统是推理系统，所有的推理系统都是智能系统，所以专家系统是智能系统。这些思维方法被认为支配着心智活动，对它们的研究创立了“逻辑学”研究领域。

19 世纪后期至 20 世纪早期发展起来的形式逻辑给出了描述事物的语句及表现事物之间关系的精确符号。到了 1965 年，已经有程序可以求解任何用逻辑符号描述的可解问题。在人工智能领域，传统逻辑主义希望通过编制逻辑程序创建智能系统，这种逻辑方法有两个主要问题：首先，把非形式的知识用形式的逻辑符号表示是不容易做到的，特别是这些知识不是 100% 确定的时候；其次，“原则上”可以解决一个问题与实际解决问题之间有很大不同。

（四）理性行为方法

尼尔森认为，人工智能关心的是人工制品中的智能行为。这种人工制品主要指能够动作的智能体。行为上的理性是指已知某些信念执行某些动作以达到某个目标。智能体可以看作感知和执行动作的某个系统。在这种方法中，人工智能就是研究和建造理性智能体。

“理性思维”方法强调的是正确的推理，做出正确的推理有时被当作理性主体的一部分。另外，正确的推理并不是理性的全部，在有些情景下，往往没有某个行为一定是正确的，而其他是错误的。

理性思维和行为常常能够根据已知的信息（知识、时间和资源等）做出最合适的决策。简言之，人工智能主要研究用人工的方法和技术，模仿、延伸和扩展人的智能，实现机器智能。人工智能的长期目标是实现达到人类智力水平的人工智能。

二、人工智能的起源与发展

人类对智能机器的梦想和追求可以追溯到 3000 多年前。我国西周时代就流传着有关巧匠偃师献给周穆王艺伎的故事；东汉张衡发明的指南车是世界上最早的机器人雏形。

古希腊时期，亚里士多德（Aristotle）的《工具论》为形式逻辑奠定了基础；乔治·布尔（George Boole）创立的逻辑代数系统用符号语言描述了思维活动中推理的基本法则，被后世称为“布尔代数”。这些理论基础对人工智能的创立发挥了重要作用。

人工智能的发展历史可以大致分为孕育期、形成期、低潮期、基于知识的系统、神经网络的复兴和智能体的兴起。

（一）人工智能的孕育期

人工智能的孕育期大致在1956年以前。这一时期的主要成就是数理逻辑、自动机理论、控制论、信息论、神经计算和电子计算机等学科的建立和发展为人工智能的诞生准备了理论和物质基础。这一时期的主要贡献有以下几点。

第一，1936年，图灵创立了理想计算机模型的自动机理论，提出了以离散量的递归函数作为智能描述的数学基础，给出了基于行为主义的测试机器是否具有智能的标准，即图灵测试。

第二，1943年，心理学家麦克洛奇（W.McM ulloch）和数理逻辑学家皮兹（W.Pitts）在《数学生物物理公报》上发表了关于神经网络的数学模型。这个模型现在一般称为M-P神经网络模型。他们总结了神经元的一些基本生理特性，提出神经元形式化的数学描述和网络的结构方法，开创了神经计算的时代。

第三，1945年，约翰·冯·诺依曼（John von Neumann）提出了存储程序的概念。1946年，研制成功的第一台电子计算机ENIAC为人工智能的诞生奠定了物质基础。

第四，1948年，克劳德·艾尔伍德·香农（Claude Elwood Shannon）发表了《通信的数学理论》，标志着一门新学科——信息论的诞生。他认为人的心理活动可以用信息的形式进行研究，并提出了描述心理活动的数学模型。

第五，1948年，诺伯特·维纳（Norbert Wiener）创立了控制论。它是一门研究和模拟自动控制的生物和人工系统的学科，标志着人们根据动物心理和行为科学进行计算机模拟研究和分析的基础已经形成。

（二）人工智能的形成期

人工智能的形成期是1956—1969年。这一时期的主要成就包括1956年在美国的达特茅斯大学召开的为期两个月的学术研讨会，研讨会提出了“人工智能”这一术语，标志着这门学科正式诞生；研讨会还总结了在定理机器证明、问题求解、LISP语言、模式识别等关键领域的重大突破。这一时期的主要贡献有许多：

第一，1956年，纽厄尔和西蒙提出了“逻辑理论家”程序，该程序模拟了人们用数理逻辑证明定理时的思维规律。

这一工作受到了人们的高度评价，被认为是计算机模拟人的高级思维活动的重大成果，是人工智能的真正开端。

第二，1956年，亚瑟·塞缪尔（Arthur Samuel）研制了跳棋程序，该程序具有学习功能，人们既能从棋谱中学习，也能在实践中总结经验，提高棋艺。它在1959年打败了塞缪尔本人，又在1962年打败了美国一个州的跳棋冠军。这是模拟人类学习过程的一次卓有成效的探索，是人工智能的一次重大突破。

第三，1958年，约瑟夫·雷芒德·麦卡锡（Joseph Raymond McCarthy）提出表处理语言LISP，不仅可以处理数据，而且可以方便地处理符号，成为人工智能程序设计语言的重要里程碑。目前，LISP语言仍然是人工智能系统重要的程序设计语言和开发工具。

第四，1960年，纽厄尔研制了通用问题求解程序CPS，是对人们求解问题时的思维活动的总结。他们发现人们求解问题时的思维活动包括三个步骤：①制订出大致的计划；②根据记忆中的公理、定理和解题计划，按计划实施解题过程；③在实施解题过程中，不断进行方法和目的分析，修正计划。其中，他们首次提出了启发式搜索的概念。

第五，1965年，鲁滨孙提出归结法（J.A.Robinson），被认为是一个重大突破，为定理证明研究带来了高潮。

第六，1968年，斯坦福大学费根鲍姆（Edward Albert Feigenbaum）等研制成功了化学分析专家系统DENDRAL，被认为是专家系统的萌芽，是人工智能研究从一般思维探讨到专门知识应用的一次成功尝试。

第七，知识表示采用了奎廉（Quillian）提出的特殊结构：语义网络。1968年，明斯基从信息处理的角度分析了语义网络的使用。

此外，还有很多其他的成就，如1956年艾弗拉姆·诺姆·乔姆斯基（Avram Noam Chomsky）提出的文法体系等。正是这些成就使人们对这一领域寄予了过高的希望。20世纪60年代，麻省理工学院的一位教授提到：“在今年夏天，将开发出电子眼。”然而，直到今天，仍然没有通用的计算机视觉系统可以很好地理解动态变化的场景。20世纪70年代，很多人相信大量的机器人很快就会从工厂进入家庭。直到今天，服务机器人才开始进入家庭。

（三）低潮时期

人工智能快速发展了一段时期后，遇到了很多困难挫折，并于1966—1973年进入了低潮时期。

人们曾以为只要用一部字典和某些语法知识即可以很快地解决自然语言之间的互译问题，结果发现并不那么简单。例如，英语句子“The spirit is willing but the flesh is weak.（心有余而力不足）”，译成俄语再译成英语就变成了“The wine is good but the meat is spoiled（酒是好的，肉变质了）”。这里遇到的是单词的多义性问题。为什么人类翻译家可以翻译好这些句子，而机器不能呢？他们的差别在哪里？主要原因在于翻译家在翻译之前通常先理解这个句子，但机器不能，它只是靠快速检索、排列词序等进行翻译，并不能“理解”这个句子，所以出现错误在所难免。1966年，美国国家研究顾问委员会的报告指出“还不存在通用的科学文本机器翻译，也没有很近的实现前景”。所有美国政府资助的学术性翻译项目都被取消了。

弗兰克·罗森布拉特（Frank Rosenblatt）于1957年提出了感知器，它是具有一层神经元、采用阈值激活函数的前向网络。通过对网络权值的训练，可以实现对输入矢量的分类。感知器收敛定理使罗森布拉特的工作取得了圆满的成功。20世纪60年代，感知器神经网络好像可以做任何事。

（四）基于知识的系统

1969—1988年，知识工程的兴起确立了知识处理在人工智能学科中的核心地位，使人工智能摆脱了纯学术研究的困境，使人工智能的研究从理论转向应用，从基于推理的模型转向知识的模型，使人工智能研究走向了实用。

1965 年，斯坦福大学的费根鲍姆（Edward Albert Feigenbaum）和化学家勒德贝格合作研制出 DENDRAL 系统。1972—1976 年，费根鲍姆又成功开发出医疗专家系统 MYCIN。此后，许多著名的专家系统相继研发成功，其中，较具代表性的有探矿专家系统 PROSPECTOR、青光眼诊断治疗专家系统CASNET、钻井数据分析专家系统ELAS等。20世纪80年代，专家系统的开发趋于商品化，创造了巨大的经济效益。

1977 年，美国斯坦福大学计算机科学家费根鲍姆在第五届国际人工智能联合会议上提出知识工程的新概念。他认为："知识工程是人工智能的原理和方法，对那些需要专家知识才能解决的应用难题提供求解的手段。恰当运用专家知识的获取、表达和推理过程的构成与解释，是设计基于知识的系统的重要技术问题。"知识工程是一门以知识为研究对象的学科，它将具体智能系统研究中共同的基本问题抽取出来，当作为知识工程的核心内容，使之成为具体研制各类智能系统时间的一般知道方法和基本工具。

为了适应人工智能和知识工程发展的需要，日本在 1981 年宣布了第五代电子计算机的研制计划。其研制的计算机的主要特征是具有智能接口、知识库管理和自动解决问题的能力，并在其他方面具有人的智能行为。这一计划的提出掀起了一股热潮，促使世界上重要的国家都开始制订针对新一代智能计算机的开发和研制计划，使人工智能进入了基于知识的兴旺时期。

（五）神经网络的复兴

1986 年至今，世界上许多国家掀起了神经网络研究的热潮。1982 年，美国加州工学院物理学家霍普菲尔德（Hopfield）使用统计力学的方法分析网络的存储和优化特性，提出了离散的神经网络模型，从而有力地推动了神经网络的研究。1984 年霍普菲尔德又提出了连续神经网络模型。

20 世纪 80 年代，神经网络复兴的真正推动力是反向传播算法的重新研究。该算法最早由布莱森（Arthur Bryson）和何毓琦（Yu-Chi Ho）于 1969 年提出。1986 年，鲁梅尔哈特（D.E.Rumelhart）和麦克莱伦德（McClelland）等提出并行分布处理的理论，致力于认知的微观结构的探索，其中，多层网络的误差传播学习法，即反向传播算法广为流传，引起了人们极大的兴趣。从 1985 年开始，专门讨论神经网络的学术会议规模逐步扩大。1987 年，美国召开了第一届神经网络国际会议，并发起成立国际神经网络学会。

（六）智能体的兴起

1993 年至今，随着计算机网络、计算机通信技术的发展，关于智能体的研究逐渐成为人工智能研究的热点。1995 年，罗素（Stuart J.Russell）和诺维格（Peter Norvig）出版了《人工智能：一种现代的 方法》一书，提出“将人工智能定义为对从环境中接收感知信息并执行行动的智能体的研究”。因此，智能体应该是人工智能的核心问题。智能体既是人工智能最初的目标，也是人工智能最终的目标。

在人工智能研究中，智能体概念的回归并不仅仅是因为人们认识到了应该把人工智能各个领域的研究成果集成为一个具有智能行为概念的“人”，更重要的是人们认识到人类智能的本质是一种社会性的智能。要对社会性的智能进行研究，构成社会的基本构件“人”的对应物“智能体”理所当然地成为人工智能研究的基本对象，而社会的对应物“多智能体系统”成为人工智能研究的基本对象。

我国的人工智能研究起步较晚。智能模拟的研究纳入国家计划始于 1978 年。1984 年，我国召开了智能计算机及其系统相关的全国学术讨论会。1986 年，智能计算机系统、智能机器人和智能信息处理（含模式识别）等重大项目列入国家高技术研究 863 计划。1997 年，智能信息处理、智能控制等项目列入国家重大基础研究 973 计划。进入 21 世纪后，在最新制定的《国家中长期科学和技术发展规划纲要（2006—2020 年）》中，“脑科学与认知科学”被列入八大前沿科学问题。信息技术将继续向高性能、低成本、普适计算和智能化等方向发展，寻求新的计算与处理方式和物理实现是未来信息技术领域面临的重大挑战。

1981 年，我国相继成立了中国人工智能学会（CAAI）、全国高校人工智能研究会、中国计算机学会人工智能与模式识别专业委员会、中国自动化学会模式识别与机器智能专业委员会、中国软件行业协会人工智能协会、中国计算机视觉与智能控制专业委员会及中国智能自动化专业委员会等学术团体。1989 年，我国首次召开了中国人工智能联合会议

（CJCAI）。1987年，《模式识别与人工智能》杂志创刊。2006年，《智能系统学报》和《智能技术》杂志创刊。

中国的科技工作者已经在人工智能领域取得了具有国际领先水平的创造性成果。其中，尤以院士吴文俊关于几何定理证明的“吴氏方法”最为突出，已在国际上产生了重大影响，并荣获2006年度国家最高科学技术奖。现在，我国有数以万计的科技人员和大学师生进行不同层次的人工智能研究与学习。人工智能研究已在我国深入开展，它必将为促进其他学科的发展和我国的现代化建设做出新的重大贡献。

三、人工智能研究的主要内容

人工智能是一门新兴的边缘学科，是自然科学和社会科学的交叉学科，它吸取了自然科学和社会科学的最新成果，以智能为核心，形成了具有自身研究特点的新的体系。人工智能研究涉及的领域广泛，包括知识表示、搜索技术、机器学习、求解数据和知识不确定问题的各种方法等。人工智能的应用领域包括专家系统、博弈、定理证明、自然语言理解、图像理解和机器人等。人工智能也是一门综合性的学科，它是在控制论、信息论和系统论的基础上诞生的，涉及哲学、心理学、认知科学、计算机科学、数学及各种工程学方法，这些学科为人工智能的研究提供了丰富的知识和研究方法。

（一）认知建模

认知可归纳为如下5种类型：

第一，认知是信息的处理过程；第二，认知是心理上的符号运算；第三，认知是问题求解；第四，认知是思维；第五，认知是一组相关的活动，如知觉、记忆、思维、判断、推理、问题求解、学习、想象、概念形成和语言使用等。

人类的认知过程非常复杂，建立认知模型的技术称为认知建模，目的是从某些方面探索和研究人的思维机制，特别是人的信息处理机制，还为设计相应的人工智能系统提供新的体系结构和技术方法。认知科学用计算机研究人的信息处理机制时表明，在计算机的输入和输出之间存在着由输入分类、符号运算、内容存储与检索、模式识别等组成的信息处理过程。尽管计算机的信息处理过程和人的信息处理过程有着实质性的差异，但可以由此得到启发，认识到人在刺激和反应之间必然有对应的信息处理过程，这个过程归结为意识过程。关于信息处理，计算机和人在符号处理这一方面的相似性是人工智能名称的由来和它赖以实现、发展的基点。信息处理是认知科学与人工智能联系的纽带。

（二）知识表示

人类的智能活动过程主要是获得并运用知识的过程，知识是智能的基础。人们通过实践认识到客观世界的规律性，经过加工整理、解释、挑选和改造而形成知识。为了使计算机具有智能，使计算机能模拟人类的智能行为，必须具有适当的形式表示知识。知识表示是人工智能中十分重要的研究领域。

知识表示是对知识的一种描述，或者是一组约定，是一种计算机可以接受的用于描述知识的数据结构。知识表示是研究机器表示知识的可行的、有效的、通用的原则和方法。知识表示问题一直是人工智能研究中最活跃的部分之一。目前，常用的知识表示方法有逻辑模式、产生式系统、框架、语义网络、状态空间、面向对象和连接主义等。

（三）自动推理

从一个或几个已知的判断（前提）有逻辑地推论出一个新的判断（结论）的思维形式称为推理，推理是事物的客观联系在意识中的反映。自动推理是知识的使用过程，人解决问题就是利用以往的知识，通过推理得出结论。自动推理是人工智能研究的核心问题之一。

按照新的判断推出的途径划分，自动推理可以分为演绎推理、归纳推理和反绎推理。演绎推理是从一般到个别的推理过程。演绎推理是人工智能中重要的推理方式，目前研制成功的智能系统大多是用演绎推理实现的。

与演绎推理相反，归纳推理是从个别到一般的推理过程。归纳推理是机器学习和知识发现的重要基础，是人类思维活动中最基本、最常用的推理形式。反绎推理是由结论倒推原因。在反绎推理中，给定规则 $p \rightarrow q$ 和 q 的合理信念，然后希望在某种解释下得到 p 为真。反绎推理是不可靠的，但由于 q 的存在，它又被称为最佳解释推理。

按推理过程中推出的结论是否单调地增加，推理分为单调推理和非单调推理。其单调含义是指已知为真的命题数目随着推理的进行而严格地增加。在单调逻辑中，新的命题可以加入系统，新的定义可以被证明，并且这种加入和证明决不会导致前面已知的命题或已证的命题变为无效。在本质上，人类的思维及推理活动并不是单调的。人们对周围世界中事物的认识、信念和观点总是处于不断的调整之中。比如，根据某些前提推出某一结论，但当人们获得另外的事实后，又取消了这一结论。在这种情况下，结论并不会随着条件的增加而增加，这种推理过程就是非单调推理。非单调推理是人工智能自动推理研究的成果之一。1978 年，赖特首先提出了非单调推理方法封闭世界假设，并提出了默认推理；1979 年，杜伊尔建立了真值维护系统 TMS。1980 年，麦卡锡提出了限定逻辑。

现实世界存在大量不确定的问题。不确定性来自人类主观认识与客观实际之间存在的差异。事物发生的随机性，人类知识的不完全、不可靠、不精确和不一致，自然语言中存在的模糊性和歧义性都反映了这种差异，都会带来不确定性。针对不确定性的起因，人们提出了不同的理论和推理方法。在人工智能中，有代表性的不确定性理论和推理方法有 Bayes 理论、Dempster-Shafer 证据理论和 Zadeh 模糊集理论等。

搜索是人工智能求解问题的方法，搜索策略决定问题求解推理步骤中知识被使用的优先关系。搜索可以分为无信息导引的盲目搜索和利用经验知识导引的启发式搜索。启发式知识由启发式函数表示，启发式知识利用得越充分，求解问题的搜索空间就越小，解题效率越高。

（四）机器学习

机器学习是研究计算机怎样模拟或实现人类的学习行为，以获取新的知识或技能，重新组织已有的知识结构使之不断改善自身的性能。只有让计算机系统具有类似于人的学习能力，才有可能实现人类水平的人工智能。机器学习是人工智能研究的核心问题之一，是当前人工智能理论研究和实际应用非常活跃的研究领域。

常见的机器学习方法有归纳学习、类比学习、分析学习、强化学习、遗传算法和连接学习等。深度学习是机器学习研究中的新领域，其概念于 2006 年提出，它模仿人脑神经网络进行分析学习的机制解释图像、声音和文本的数据。

四、人工智能的研究方法

自从20世纪50年代以来，人工智能在发展中形成了许多学派。不同学派的研究方法、学术观点、研究重点有所不同。这里以认知学派、逻辑学派、行为学派为重点，介绍人工智能的研究方法。

（一）认知学派

认知学派以西蒙、明斯基和纽厄尔等为代表，主张从人的思维活动出发，利用计算机进行宏观功能模拟。20世纪50年代，纽厄尔和西蒙等共同倡导“启发式程式”。他们编制了称为“logictheorist”的计算机程序，模拟人证明数学定理的思维过程。20世纪60年代初，他们又研制了通用问题求解程序（GPS），分3个阶段模拟了人在解题过程中的一般思维规律：首先，拟订初步解题计划；其次，利用公理、定理和规则，按规划实施解题过程；最后，不断进行“目的手段”分析，修订解题规划，从而使GPS具有一定的通用性。

1976年，纽厄尔和西蒙提出了物理符号系统假设，认为物理系统表现智能行为必要和充分的条件是它为物理符号系统。这样，任何信息加工系统可以被视为具体的物理系统，如人的神经系统、计算机的构造系统等。所谓符号就是模式。任何一个模式只要能和其他模式相区别，它就是一个符号。不同的英文字母就是不同的符号。对符号进行操作就是对符号进行比较，即找出哪几个是相同的符号，哪几个是不同的符号。物理符号系统的基本任务和功能是辨认相同的符号和区分不同的符号。

20世纪80年代，纽厄尔等又致力于SOAR系统的研究。SOAR系统以知识块理论为基础，利用基于规则的记忆，获取搜索控制知识和操作符，实现通用问题求解。

马文·明斯基（Marvin Lee Minsky）从心理学的研究出发，认为人们在日常认识活动中使用了大批从经验中获取并经过整理的知识。该知识以一种类似于框架的结构存在于人脑中。因此，在20世纪70年代，他提出了框架知识表示方法。1985年，他发表了著名的《心智社会》，书中指出：心智是由许多称作主体（agent）的小处理器组成的；每个主体本身只能做简单的任务，它们并没有心智；当主体构成复杂的社会时，就具有智能了。

（二）逻辑学派

逻辑学派以麦卡锡和尼尔斯·尼尔森（Nils Nilsson）等为代表，主张用逻辑研究人工智能，即用形式化的方法描述客观世界。他们认为：①智能机器必须包含有关于自身环境的知识；②通用智能机器要能陈述性地表达关于自身环境的大部分知识；③通用智能机器表示陈述性知识的语言至少要有一阶逻辑的表达能力。逻辑学派在人工智能研究中强调概念化知识表示、模型论语义、演绎推理等。麦卡锡主张任何事物都用统一的逻辑框架表示，在常识推理中以非单调逻辑为中心。

（三）行为学派

人工智能的研究大部分建立在经过抽象的、过分简单的现实世界模型之上，布鲁克斯认为应走出抽象模型的象牙塔，以复杂的现实世界为背景，让人工智能理论、技术经受解决实际问题的考验，并在这种考验中成长。布鲁克斯提出了无须知识表示的智能、无须推理的智能。他认为，智能只是在与环境的交互作用中表现出来，其基本观点为：①到现场去；②物理实现；③初级智能；④行为产生智能。

以这些观点为基础，布鲁克斯研制了机器爬虫，用相对独立的功能单元，分别实现避让、前进、平衡等功能，组成分层异步分布式网络，并且取得了一定的成功，特别是在对机器人研究方面，其开创了新的方法。

第二章　区块链与下一代人工智能

人工智能正在从传统的个体智能时代迈向群体智能（下一代人工智能）时代，群体智能较个体智能更侧重社会性，包括规模化的多方协作与协同、分布式的多个智能体等。群体智能的实现与个体智能的实现相比更具挑战性，因而需要坚实的基础设施来保障其中的各类需求，包括多方的信息存取和共享、安全与信任机制、大规模协作的控制等。区块链的特性与群体智能的核心不谋而合，同时区块链技术本身又整合了存储、信息安全、智能合约等群体智能必需的功能。

第一节　智能社会产业变革

一、人类社会历次工业革命

迄今为止，人类社会经历了三次深刻的工业革命：蒸汽工业革命、电力工业革命、信息工业革命。这几次工业革命无一例外都极大地提高了人类生产生活中某一方面的效率，并且影响深远。

（一）第一次工业革命——蒸汽工业革命

蒸汽工业革命起源于 18 世纪，蒸汽技术的应用推动了生产环节的机械化，提高了生产效率。同时，蒸汽工业革命也通过革新蒸汽机车等物流工具，加速了商品的流通。

（二）第二次工业革命——电力工业革命

电力工业革命起源于 19 世纪，规模化发电以及电力技术的应用，提高了能量供给效率，为生产自动化提供基础。电力工业革命为后续的信息工业革命奠定了坚实的基础，可以说，没有电力工业革命，也就不会有信息工业革命。

（三）第三次工业革命——信息工业革命

信息工业革命起源于 20 世纪中叶，电子计算机以及互联网技术的应用极大地提高了人类生产、生活中信息处理以及信息传播的效率。信息工业革命自兴起以来，发展迅猛，已经对人类社会的各行各业产生了深远影响。

（四）第四次工业革命——科技工业革命

第四次工业革命是 21 世纪发起的全新技术革命，本次工业革命的核心为万物互联，各类设备可以互联互通，人与物理世界深度融合，将极大地提高人类对环境的感知能力和生产效率。本次工业革命的一大应用领域是大家目前耳熟能详的“智慧城市”。

纵观这几次工业革命，我们都毫无例外地看到，新兴技术作为工业革命的标志，掀开了新一代工业的帷幕。最为重要的是，这些技术最终都将与人类社会深度融合，为人们的生活带来深刻的变革。

人们不禁要问，在人类社会经历了这么多次翻天覆地的技术变革之后，接下来技术将往何处发展，还将给人类社会带来什么样的新面貌？

二、万事互联：激动人心的智能社会产业革命

人类社会下一步是迈向智能社会。要理解这个观点，我们首先需要明确智能社会与智慧城市这两个概念，理解它们的不同之处。智慧城市主要关注城市各项基础设施的智能化，更多的是强调“硬”的方面，而智能社会的核心是“软”的方面，涉及各项服务的互联互通，促进各项协作关系的量化与效率提升。我们知道，人类生产生活中 80% 的活动是基于协作与协同的，旨在帮人们提供与获取各项服务。物联网可以实现万物互联，但是更重要的是如何实现“万事互联”，即人类社会中的各项服务如何互联互通，人类社会中大大小小的协作如何提升效率。

智能社会产业革命的终极目标是实现全体社会活动与服务的互联互通，“协作与协同”是其根本与核心动力。智能社会产业革命主要解决人类生产生活中各项活动与服务的互联互通，具体通过互操作和高度协同，提高人类社会协作效率，实现人类社会活动与生产服务的全面自动化。

协作与协同需要两个层面的配合：第一，协作与协同涉及的个体需

要足够智能，这就需要“个体智能”；第二，协作与协同行为的开展也需要足够智能。协作与协同必然涉及多方，是群体行为，这是由人类的社会属性决定的，这部分需要“群体智能”。因此，智能社会工业革命不能缺少人工智能，可以说人工智能是智能社会的技术保障，尤其是作为下一代人工智能代表的群体智能，更是协作与协同的重中之重。区块链及其相关技术群因特有的共识机制与智能合约能完美配合，能与人工智能紧密耦合，为智能社会提供基础设施。

第二节 区块链与人工智能融合

一、相融共生，互惠互利

大家可能会觉得区块链似乎与人工智能关系不大，但是深入分析就会发现，这两者具备天然的相融共生的内在联系。

正如前言所述，区块链和人工智能的关系可以从以下两方面来探讨。

第一，人工智能（主要是个体智能）为区块链的不同环节提供优化策略。

第二，区块链为下一代人工智能（主要是群体智能）的基础设施。

先说第一个方面。区块链及其相关技术群涉及诸多环节，如共识机制、安全机制、节点维护与更新等，每个环节都有大量的信息要处理，也都涉及环节之间的配合，人工智能技术（主要是个体智能相关技术）可以为其提供诸如共识算法优化、节点智能负载均衡、风险识别等各项支持。在这一层面，人工智能技术对区块链起到辅助作用，两者的内在联系属于弱关联、松散联系。

人类社会正在迈向大规模协作与协同的智能社会，对人工智能的内在要求已经从个体智能转向群体智能。群体智能方面有待解决的问题非常多。例如，如何确保个体之间协作的约定问题？如何解决个体之间的信任问题？如何解决大规模协作的信息存储问题？种种问题的核心均指向基础设施。

群体智能的发展需要强大的分布式基础设施，这一基础设施需要为群体智能提供自下而上的、立体式、全方位支撑。区块链及其相关的技术群非常符合这一基础设施的需求，其中的智能合约、去中心化数据存储、安全认证等，是建立群体智能基础设施的关键技术。

二、下一代人工智能的基础设施：区块链

要充分认识区块链是下一代人工智能（主要是群体智能）的重要基础设施并不是简单的事，需要从人工智能的战略发展方向以及区块链的体系结构和相关技术群出发，突破一些思维定式。下面，我们将简要分析下一代人工智能的需求点，以及区块链是如何满足这些需求的。

首先，我们需要看到人工智能在往什么方向发展。

正如前面所述，智能社会是其重要的阶段目标，人工智能迈向智能社会的必然要求是群体智能，而群体智能天然就对分布式等技术有需求。同时，智能社会涉及群体智能的大规模部署和应用，这里需要解决制约下一代人工智能发展的基础问题，包括数据存储、信息安全、信任机制、协作机制等。因此，探索一种综合的、立体的、自下而上的全方位基础设施解决方案，对促进下一代人工智能的发展是必要的。

其次，我们需要深入理解区块链及相关技术群是什么，功能涵盖哪些方面。

对于群体智能的若干需求，区块链及相关技术群可以为其提供相应的支撑和保障。区块链的特性与群体智能的需求不谋而合，另外，区块链不仅可以为群体智能的应用提供难以抵赖的证明，同时还可以为群体智能（以及个体智能）的应用提供存储、安全、信任、协作等一系列系统性支持。当然，正如前面提到的，人工智能技术可以为区块链技术的优化提供诸多支持，如共识算法优化、节点智能负载均衡等，但是从我们的角度来看，区块链能够为人工智能提供基础设施服务是其最为重要的特性。

第三节　区块链如何驱动下一代人工智能

一、区块链的关键角色是什么

区块链作为下一代人工智能的基础设施，与下一代人工智能之间有

着深刻的内在联系，如何有效地展示这一内在联系将为我们洞察下一个发展机遇提供强大的方向指引。要认清区块链的重要性，我们就必须清楚它所处的位置。

我们采用了网络通信中常用的层次化体系结构，将实现智能社会所必需的功能分成五大层级，并借此展示区块链和下一代人工智能（主要是群体智能）的关系。每个层级具备其自身的功能，同时为上一层级提供相应的支撑。我们看到，从个体智能到完备的群体智能（即智能社会）不是一步到位的，群体智能以个体智能为底层基础，需要解决信息共享、信息安全、信任机制、协作机制等一系列保障性需求后才能实现智能社会。而区块链依托个体智能技术提供的优化措施等，为人工智能迈向群体智能提供自下而上的、全方位、立体式保障。区块链对群体智能的支撑不是单一的，而是系统的；不是可有可无的，而是必要的。下面，我们进一步阐述每一层级的功能需求以及区块链所扮演的角色。

二、区块链——托起下一代人工智能之手

（一）信息共享层

在群体智能的应用中，个体之间要实现协作与协同，先要解决个体之间信息共享交换的问题。例如，关于人和人之间的协作或者团体之间的协作，如果不同个体之间的信息和数据不能被有效共享和交换，则协作无法进行。可以说，信息共享存取与交换是群体智能应用的基石。举个例子，张先生去某部门办事，这就意味着他和该部门要进行某些协作，此时，如果该部门和张先生之间没有进行任何信息的共享和交换，则张先生的事不可能办成。

我们知道，区块链本身就是一个去中心化的分布式数据和信息共享平台，节点之间可以无障碍地、安全地进行信息的共享和交换。区块链的这一功能解决了群体智能应用中个体协作所产生的信息共享和交换需求。

（二）信息安全层

在群体智能应用中，即使个体之间实现了信息共享与交换，还有一个重要的问题需要解决，那就是安全问题，我们需要保证个体之间信息传递和处理中的安全与私密。可以说，安全是群体智能应用的前提。对

个体之间的协作来说，信息共享与交换在区块链上可以很方便地解决，那么下一步的问题就是如何保证个体信息在传递的过程中的隐私，如何保证非协作相关方无法获取相关信息，同时如何保证信息隐私和安全措施中的效率问题。这些问题凸显了信息安全对于大规模的群体智能应用的重要性。区块链本身对信息的传递做了匿名性处理，这样做同时也可以保证数据的真实性，区块链社群对于信息安全保护方面的研究和开发一直在进行中，这对群体智能应用来说无疑是利好消息。

（三）信任机制层

在解决信息共享和安全的问题后，这里面临一个更高层面的问题，那就是信任机制。信任机制是群体智能应用的保障。诚然，个体之间可以安全地交换和共享信息，这是个体间协作的前提，这个前提确保了个体之间交换的信息不会被无关的第三方获取和使用。但是，如果个体之间没有有效的信任保障机制，就算信息可以被安全地交换和共享，协作也不可能顺利进行。延续前面的例子，即使张先生和相关部门可以交换文件，可以沟通相关事务，但如果他们互不信任，在后续的协作中也不能有效地配合，那么张先生的事则不可能完成。在智能社会中，人和人之间、人和机构之间、机构和机构之间、人和机器之间，甚至机器之间时刻都需要信任机制，这样他们才能够高效地配合与协作。信任机制的本质是确保协作中的任何一方都按照规则行事，当其中任何一方出现违规情况时，将受到惩罚，以此来保障其他方的利益。区块链中的智能合约技术在一定程度上解决了信任机制的问题，并且提高了规则执行的效率。群体协作中的各方通过预先设定并同意的智能合约完成各自肩负的任务。

（四）协作机制层

在参与协作的各方有了信任机制作保障之后，如何开展协作？人类社会中的各项应用都离不开协作，协作是群体智能应用的本质需求。协作的核心是任务的分配和协同。各方为了某些目标而进行合作，各方应该承担什么任务？如何优化任务的分配？如何协调任务的进行？这些都需要一套机制来支撑。智能社会的基本个体是智能体，各类任务就是通过大大小小的智能体之间通信、协调、解决冲突等过程来完成的。多智能体系统提供了一整套协调机制，但是在实际应用中该如何部署？区块链可以帮助多智能体系统解决协作所必需的要素的问题，包括共识机制、投票机制等。而区块链天生的存储机制也为新个体加入协作简化了流程，新个体一旦加入就可以直接同步获取历史信息，并立刻开始参与协作。

（五）智能社会层

人工智能的阶段性目标是构建智能社会。前面也提到了，智能社会与智慧城市不同，智能社会更强调社会性，通过高效、大规模的协作与协同，个体智能充分转化为群体智能。几千万个个体通过信任机制、协作机制，遵循特定协同协议分工合作，解决目前个体智能所不能解决的问题，进而实现人类社会中各类应用和信息的流通，而区块链及相关技术群正是这一切的融合剂。智能社会层级重点解决信任机制和协作机制之上的问题，包括互操作、监管机制、条规执行等。多区块链技术（multi-chain technology）就可以为个体在协作中的进行重角色无缝平滑转换提供支撑，进而可以为不同应用之间的互操作提供渠道。另外，区块链天生的激励机制也为智能社会中个体的活动和行为提供了天然的经济动力。可以说，智能社会是区块链与群体智能结合的里程碑式产物。

从以上五大层级的分析中，大家可以充分体会到区块链如何作为基础设施为下一代人工智能提供全方位、立体式支持。

第三章　区块链的发展

第一节 区块链 1.0

一、比特币区块链

公认最早关于区块链的描述出现在 2008 年中本聪撰写的白皮书《比特币：一种点对点的电子现金系统》中。2014 年后，人们开始关注比特币背后的区块链技术，随后引发了分布式账本革新浪潮。区块链是比特币实现的技术，比特币是区块链的第一个应用。

比特币可以看作基于 UTXO 算法的数字现金。用随机哈希对全部交易加上时间戳，将它们合并入一个不断延伸的基于随机哈希的 PoW 的链条作为交易记录，并通过最长链条（longest chain）以及 PoW 机制保证在大多数诚实节点（honest nodes）控制下的可信机制。中本聪创造了比特币，比特币包含的技术就是区块链。比特币的本质就是一堆复杂算法所生成的特解。特解是指方程组所能得到的无限组（比特币是有限的）解中的一组。每一组特解都能解开方程并且是唯一的。挖矿的过程就是通过庞大的计算量不断地去寻求这个方程组的特解，若这个方程组被设计成了只有 2100 万组特解，比特币的上限就是 2100 万枚。

区块链在比特币网络中可以看作一个分布式账本，每一个区块就是账本的一页。这个账本有着以下特点：

（1）账本上只记录每一笔交易，即记载付款人、收款人、交易额。交易记录具有时序，无论什么时候，每个人的资产都可以推算出来。

（2）账本完全公开，任何人只要需要，都可以获得当前完整的交易记录。

（3）账本上的交易身份不是真实身份，而是采用一串字符代替，每个人都拥有唯一的一串字符，签名使用非对称加密技术。

比特币交易流程如下：

第 1 步：所有者 A 利用他的私钥对前一次交易（比特币来源）和下

一位所有者 B 签署一个数字签名，并将这个签名附加在这枚货币的末尾，制作成交易单。其中，B 以公钥作为接收方地址。

第 2 步：A 将交易单广播至全网，比特币就发送给了 B，每个节点都将收到的交易信息纳入一个区块中。对 B 而言，该枚比特币会即时显示在比特币钱包中，但直到区块确认成功后才可用。目前，一笔比特币支付之后，得等 6 个区块确认之后才能真正确认到账。

第 3 步：每个节点通过解一道数学难题，从而获得创建新区块的权利，并争取得到比特币的奖励（新比特币会在此过程中产生）。节点反复尝试寻找一个数值，而将该数值、区块链中最后一个区块的哈希值以及交易单三部分送入 SHA-256 算法后能计算出哈希值 X（256 bit）并满足一定条件（如前 20 bit 均为 0），即找到数学难题的解。由此可见，答案并不唯一。

第 4 步：当一个节点找到解时，它就向全网广播该区块记录的所有盖时间戳交易，并由全网其他节点核对。时间戳用来证实特定区块于某特定时间是的确存在的。比特币网络所采取从 5 个以上节点获取时间然后取中间值方式可为时间戳。

第 5 步：全网其他节点核对该区块记账的正确性，没有错误后它们将在该合法区块之后竞争下一个区块，这样就形成了一个合法记账的区块链。每个区块的创建时间大约为 10 min。随着全网算力的不断变化，每个区块的产生时间会随算力增强而缩短、随算力减弱而延长。其原理是根据最近产生的区块的时间差，自动调整每个区块的生成难度（如减少或增加目标值中 0 的个数），使得每个区块的生成时间是 10 min。

二、UTXO

比特币实现了从 0 到 1 的创新，其中最重要的创新就是 UTXO，即未花费交易输出（unspent transaction output）。比特币的区块链账本里记录的就是交易信息。每一笔交易都有若干输入（资金来源），也有若干输出（资金去向）。一般来说，交易都要花费输入，产生输出，这个输出就是 UTXO。比特币交易中，除由挖矿者生成的（coinbase）交易外，所有的资金都必须来自前面某一笔或多笔交易的 UTXO，并且任何一笔交易的输入额都必须等于输出额。

在比特币区块链中，一个用户要想付钱给别人，那么在此之前他一定已经通过某种方式得到了钱（挖矿，或者别人付钱给他）。如果把“钱的来源”视作输入，把“钱的去向”视作输出，也就是说，当前这笔交易的每一个输入，一定是之前某一笔交易的输出，而当前交易的输出又可以作为下一笔交易的输入。

只有合法的交易记录才允许被接入比特币的交易链，验证交易的合法性采用的是公私钥非对称加密体系。数字签名就是公私钥非对称加密的一个常见应用，只要能够保证私钥没有泄露，这种机制就能确认私钥所有者的唯一性与合法性。

数字签名（digital signature，又称公钥数字签名）是一种类似写在纸上的普通的物理签名，但是使用了公钥加密领域的技术，用于鉴别数字信息的方法。一套数字签名通常定义两种互补的运算，一个用于签名，另一个用于验证。但法条中的电子签章与数字签名代表意义并不相同，电子签章用以辨识及确认电子文件签署人身份、资格及电子文件真伪，而数字签名则是经过数学算法或其他方式运算进行加密，才形成电子签章，即使用数字签名才创造出电子签章。

数字签名不是指将签名扫描成数字图像，或者用触摸板获取签名，更不是落款。

数字签名文件的完整性是很容易验证的（不需要骑缝章、骑缝签名，也不需要笔迹鉴定），而且数字签名具有不可抵赖性（即不可否认性），不需要笔迹专家来验证。

在数字签名的过程中，我们不需要对“123456”保密，所以加密、解密这样的名词在这个场景中并不准确，用签名和解签会更合适。

实际应用中，由于对原消息进行签名有安全性问题，而且原消息往往比较大，直接使用 RSA 算法进行签名速度会比较慢，所以我们一般计算消息摘要（使用 SHA-256 等安全的摘要算法），然后对摘要进行签名。只要使用的摘要算法是安全的（MD5，SHA-1 已经不安全了），那么这种方式的数字签名就是安全的。

比特币的交易只需用户生成一对唯一的公私钥，收款者把自己的公钥（经过适当处理后）当作收款地址提供给付款方，作为支付时填写的输出字段之一。付款方则需要将这笔交易的输入关联到之前交易的输出，并提供私钥生成的数字签名，以此证明自己是之前那笔交易输出（并且一定是未花费输出）的拥有者。

相比传统记账，比特币区块链的账本里增加了两个重要的信息：数字签名和验证脚本。我们一般将中本聪提出的记账方式称为 UTXO，字面意思是未花费交易输出，也就是说，只有未经过交易的输出，才能被称为 UTXO。为了使价值易于组合与分割，比特币的交易被设计为可以纳入多个输入和输出。一般而言，某次价值较大的前次交易构成的单一输入，或者由某几个价值较小的前次交易共同构成的并行输入，输出最多只有两个：一个用于支付，另一个用于找零。找零的输出并不是必需的，当支付金额恰好等于交易输入金额时，就没有找零的输出值。

UTXO 能够解决交易的证伪问题：除了当事人（在私钥没有泄露的前提下），没有其他任何人能够伪造出一笔合法的交易。但 UTXO 无法解决历史交易的防篡改问题；当一个合法的交易记录被接入交易链之后，它就应成为一个无法修改的历史事实，不可以被包括交易发起人在内的任何人篡改。防篡改和防伪造同等重要，只有把这两个问题都解决了，才能彻底抛弃交易中介。

UTXO 的设计意味着其只能用于建立简单的、一次性的合约，而不是去中心化组织这样的有着更加复杂状态的合约，其扩展性较差。由于比特币限制了每一个区块的大小，且采用 PoW 的机制，比特币的 TPS（transaction per second，每秒处理的事务量，用以衡量系统性能的指标之一）极低，整个比特币区块链的交易速度为 6 ～ 7 TPS。

三、PoW

比特币区块链中的共识机制是一种去中心化的自发共识（emergent consesus）。所谓自发是指节点达成共识并不是事先明确的，既没有选举也没有约定固定时间，而是所有节点在异步交互中通过遵循同一套规则自然达成共识。这一过程包括：①基于规则的完整列表，每个完整节点独立验证每个交易；②通过基于 PoW 的运算，矿工独立将交易打包到新区块中；③每个节点独立验证新区块并将其整合进区块链；④每个节点独立选择进行了 PoW 计算最多的链。

PoW 是一种解决服务与资源滥用问题，或是阻断服务攻击的经济对策。一般是要求用户进行一些耗时适当的复杂运算，并且答案能被服务方快速验算，以耗用的时间、设备与能源作为担保成本，以确保服务与资源被真正的需求者所使用。此概念最早由 Cynthia Dwork 和 Moni Naor 于 1993 年的学术论文中提出，而 PoW 的概念则是在 1999 年由 Markus Jakobsson 与 Ari Juels 所提出的。现在 PoW 技术成为了实现加密货币的主流共识机制之一，如比特币所采用的技术。

PoW 的协议有两种类型。

（一）挑战—响应（challenge-response）协议

这种协议假定请求者（客户端）和提供者（服务器）之间有直接的交互连接。提供者选择一个挑战，如一个包含属性的集合中的一个项目，请求者在集合中找到相关的响应，并由提供者发回并检查。由于挑战是由提供者当场选择的，它的难度可以适应当前的负载。如果挑战—响应协议有一个已知解决方案（由提供者选择），或者已知存在于有界搜索空间，那么请求者的工作可能是有限的。

（二）解决方案—验证（solution-verification）协议

这种协议不会交互连接，因此，在请求者寻求解决方案之前，必须自行解决问题，并且提供者必须检查问题选择和找到的解决方案。这样的方案大多数是无限的概率迭代过程，如 hashcash。

由于矩形分布的方差低于泊松分布的方差（具有相同的均值），所以解决方案—验证协议倾向于具有略低于挑战—响应协议的方差。用于减少方差的通用技术是使用多个独立的子挑战，因为多个样本的平均值将具有较低的方差。

当然还有固定成本的函数，如时间锁定谜题（time-lock puzzle）。而且，这些方案使用的函数很可能是以下几种。

1.CPU 绑定（CPU-bound）

计算以处理器的速度运行，其时间从高端服务器到低端便携式设备差异很大。

2. 内存绑定（memory-bound）

计算速度受主存访问（延迟或带宽）限制，其性能预期对硬件进化不太敏感。

3. 网络绑定（network-bound）

客户端必须执行少量计算，且必须在查询最终服务提供者之前从远程服务器收集一些 token（令牌）。从这个意义上说，这项工作实际上并不是由请求者执行的，但是由于获得所需 token 必须等待而存在延迟。

一些 PoW 系统提供了快捷计算，允许知道秘密（通常是私钥）的参与者生成便宜的 PoW。理由是邮寄名单持有人可以为每个收件人生成邮票而不会产生高昂的成本。当然，是否需要这种功能取决于使用场景。

在比特币区块链中，区块头包含一个随机数，使得区块的随机哈希值出现了所需个数的 0。节点通过反复尝试来找到这个随机数，这样就构建了一个工作量证明机制。

工作量证明机制的本质是一 CPU 一票，“大多数”的决定表达为最长的链，因为最长的链包含了最大的工作量。如果大多数的 CPU 为诚实节点控制，那么诚实的链条将以最快的速度延长，并超越其他的竞争链条。如果想要修改已出现的区块，攻击者必须重新完成该区块的工作量外加该区块之后所有区块的工作量，并最终赶上和超越诚实节点的工作量。

同一时间段内全网不止一个节点能计算出随机数，即会有多个节点在网络中广播它们各自打包好的临时区块（都是合法的）。

某一节点若收到多个针对同一前续区块的后续临时区块，则该节点会在本地区块链上建立分支，多个临时区块对应多个分支。该僵局的打破要等到下一个工作量证明被发现，而其中的一条链条被证实为较长的一条，那么在另一条分支链条上工作的节点将转换阵营，开始在较长的链条上工作。其他分支将会被网络彻底抛弃。

任何账本都需要有序。用户不能花费还没有到账的钱，也不能花费已经用出去的钱。区块链交易（或者说包含交易的块）必须有序，无歧义，同时不需可信的第三方。即便区块链不是一个账本，而是就像日志一样的数据，对于所有节点来说，如果要想共同保有一份完全相同的区块链副本，有序也是必不可少的。交易顺序不同，就是不同的两条链。但是，如果交易是由全世界的匿名参与者生成，也没有中心化机构负责给交易排序，那又如何实现有序呢？有人会说，交易（或者块）可以包含时间戳，但是这些时间戳又如何可信呢？

时间是一个人类概念，时间的任何来源，如一个原子时钟，就是一个“可信第三方”。除此之外，由于网络延迟和相对论效应，时钟的大部分时间都有轻微误差。很遗憾，在一个去中心化系统中，不可能通过时间戳来决定事件的先后顺序。

区块链技术所关心的“时间”并不是所熟悉的年、月、日这种概念，而是需要一种机制可以用来确认一个事件在另一个事件之前发生，或者可能开始发生。简而言之，比特币的 PoW 就是 SHA–2 哈希满足特定的条件的一个解，这个解很难找到。要求哈希满足一个特定的数字，就确定了一个难度（difficulty），难度的值越小，满足输入的数字越少，找到解的难度就越大，这就是所谓的“工作量证明”。满足哈希要求的解非常稀少，这意味着找到这样一个解需要很多试错，也就是工作（work），而工作也就意味着时间。

链的状态由块所反映，每个新的块产生一个新的状态。区块链的状态每次向前推动一个块，平均每个块 10 min，是区块链里面最小的时间度量单位。

SHA 在统计学和概率上以无记忆性（memoryless）闻名。对于人类而言，我们很难做到百分之百的无记忆性，也就是无论之前发生过什么状况，都不影响这一次事件发生的概率。例如，如果抛一个硬币连续 10 次都是正面，那么下一次是反面的可能性会不会更大呢？很多人都直觉认为已经出现这么多次正面，下一次应该出现一次反面了，但是实际上，无论上一次的结果是什么，每次抛硬币出现正面或反面都是 1/2 的概率。

对于需要无进展（progress–free）的问题，无记忆性是必要条件。progress–free 意味着当矿工试图通过对 nonce（用在 PoW 共识算法中的一个数字）进行迭代计算解决难题时，每一次尝试都是一个独立事件，无论之前已经算过多少次，每次尝试找到答案的概率是固定的。换句话来说，每次尝试参与者都不会离“答案”越近，或者说有任何进展（progress）。就下一次尝试而言，一个已经算了一年的矿工，与上一秒刚开始算的矿工，算出来的概率是一样的。

在指定时间内，给定一个难度，找到答案的概率由所有参与者能够迭代哈希的速度决定。与之前的历史无关，与数据无关，只跟算力有关。因此，算力是一个与参与者数量以及用来计算哈希设备的速度相关的函数。

在比特币中，输入的是区块头。如果给它随机传入一些值，找到一个合适哈希的概率仍然是一样的。无论输入是一个有效的块头，还是/dev/random中随机的一些字节，都要花费平均10 min来找到一个解。

谜题难度具有“通用属性”（universal property），即所有参与者都知道（这个难度）。SHA-256的输入可以是0～22之间的任何一个整数（因为输出是32字节，任何超过该范围的数将会导致冲突，也就是多余）。这个集合已经非常大了（比已知宇宙里所有原子总数都大），不过每个参与者都知道这个集合，并且只能从这个集合里选取一个数。

如果所述问题是找到一个合适的哈希，那么要想解出这个问题，只需要去试一次，但是哪怕就试一次，就已经影响了整个算力。就这次尝试而言，你就已经成为一个帮助其他人解决问题的参与者。虽然不需要告诉其他人你“做了”（除非你找到了答案），其他人也不需要知道，但是想要找到解的这次尝试真真切切地影响到了结果。

如果上面这段话看起来仍然不是那么令人信服，一个很好的类比就是寻找大素数问题。找到最大的素数很难，并且一旦找到，它就是“被发现”或者“已知的”。有无数的素数，但是在全宇宙中，每个数只有一个实例。因此无论是谁试图找到最大素数，都是在解同一个问题，而不是这个问题另一个单独的实例。你不需要告诉其他人你已经打算寻找最大素数，你只需要在找到时通知其他人。如果从来没有人寻找最大素数，那么它永远也不会被找到。因此，只要参与（也就是试图找到素数），即使它正在秘密进行，仍会影响结果。

这就是中本聪设计的精妙之处，他利用了这个令人难以置信的统计学现象，即任何参与都会影响结果，即使秘密进行，即使尚未成功。值得注意的是，因为SHA是progress-free的，每一次尝试都可以被认为是一个参与者加入其中，然后立即退出。因此可以这么理解，矿工们来了又走，每秒无数次轮回。

这个神奇的秘密参与（secret participation）属性反过来也成立。很多网站上显示的全球算力，并非由每个矿工在某个“矿工注册办公室”注册，并定期汇报他们的算力而来，因为在10 min找到一个指定难度的解所需算力是已知的。

找到满足条件的哈希难度很大，在这个过程中，系统本身就类似于一个时钟。一个宇宙（universe）时钟，因为全宇宙只有一个这样的时钟，不需要同步，任何人都能“看”到这个时钟。即使这个时钟不精确也没关系。重要的是，对所有人来说，它都是同一个时钟，链的状态与这个时钟的滴答（tick）无歧义地绑定到一起。这个时钟由遍布地球上的未知数量的参与者共同操作，参与者相互之间完全独立。

解决方案必须是块哈希（准确来说，是块头）。上面已经提到，对于SHA来说，输入的内容并不重要，但是如果它是真实的块，那么无论何时找到一个解，它都发生在PoW这个时钟的滴答处。没有早一点，没有晚一点，而是恰好在这个点。我们知道这是毫无歧义的，因为块是整个机制的一部分。

换句话说，如果块不是SHA-256函数的输入，我们仍然有一个分布式时钟，但是无法将块绑定到这个时钟的滴答上。但是将块当作输入就解决了这个问题。值得注意的是，我们的PoW时钟只提供了滴答，所以我们没办法从滴答中分出顺序，于是就引入了哈希链（hash chain）。

共识（consensus）意味着意见一致（agreement）。所有参与者别无选择，只能同意“时钟已然滴答”，并且每个人都知道滴答和附加的数据。在一个罕见却又常见的情况下，会出现共识分离，有两个连续的滴答与一个块有关联，这就发生了冲突。促使某个块与下一个滴答相关联可解决这个冲突，同时将有争议的块变为“孤儿块（orphan）”。链如何继续是个概率问题（a matter of chance），这也可能间接地归因于PoW的时钟。

块哈希形成一条链，但是这与工作量并没什么关系，它是从密码学上强制保证了块的顺序。哈希链使得前一个滴答“更确定”，“更加不可抵赖”，或者简单来说更安全。PoW也能使块不可更改，这是一种好的副作用，也使得隔离见证（segregated witness）成为可能，但是隔离见证也能通过保留签名（见证，witness）实现，所以这也是次要的。

比特币的PoW只是一个分布式、去中心化的时钟。从这个角度，我们能够更好地理解PoW与PoS的异同。显然，两者不具有可比性：PoS与（随机分布的）权力（authority）相关，而PoW是一个时钟。

在区块链的背景下，PoW这个名字可能是个误用，起得并不太好。这个词来源于hashcash项目，它确实用于证实工作（work）。在区块链中，它主要用于表征花费的时间。当一个人寻找满足难度的哈希时，我们知道它必然会花费一些时间。实现时间延迟的方法就是“工作”，而哈希就是这段时间的证明。

PoW 是关于 time（时间）而非 work 的事实也表明，可能存在一些其他的统计学问题，这些问题同样消耗时间，但却需要更少的能源。这也可能意味着比特币算力有些“过分”，因为我们上面所描述的比特币时钟，在只有部分算力的情况下也是可信的，只是这种激励结构推动了能源消耗。

PoW 挖矿的具体步骤可以表示如下：

（1）矿工找到交易内存池中的交易，并且打包交易，在这里矿工检索交易信息的时候，可以任意选取自己想要打包的交易数量，当然他们可以取到最后一条交易，也可以取空交易。正如上文所讲到的，区块的大小只能是 1MB（当前比特币社区中是这样规定的），因此矿工也不能无限制地选取交易数量。之前的一个区块所包含的交易已经被社区定位到并且删除，因此矿工不可能找到之前一个区块所包含的交易数据。同时，每一个矿工可能打包的是不同数量的交易数据。对于每一个矿工而言，最合理的做法就是先根据每个交易数据对应的手续费来进行排序，然后从手续费最高的交易数据开始往下记录尽可能多的交易数据。

（2）矿工决定好了他选取哪些交易以后就开始计算自己能够从中得到的手续费总额，这个收益我们这里暂且设为 coinbase。

（3）有了相应交易数据，矿工就可以构造 Merkle tree 了。随后可以一步一步计算出 Merkle tree root，那么我们现在所有的数据项中就只差 nounce 随机数了。

（4）nounce 随机数是 32 bit 随机数，因此一共有 222 种可能性。将 nounce 放在现有的区块头中，再将区块头放进双重 SHA-256 哈希函数中作输入字符串。这里之所以使用双重哈希，一方面是为增加安全性，双重哈希函数可以有效地抵御生日攻击和差分攻击，另一方面也是为了增加矿工的计算时间和电力消耗。

（5）每遍历一个 nounce 随机数，就要进行一次对区块头双重 SHA-256 哈希函数的计算，直到找到一个 nounce 随机数，可以使得计算出来的哈希值小于目标哈希值。比特币大约每 10 min 能出一个新的区块，这个时间全凭目标哈希值来把控。目标哈希值可以规定挖矿的难度。这个是整个社区的共识。如果出块时间偏大，那么社区就会统一修改目标哈希值，说明假如计算难度太大，那么每个块就会变大，所以要把目标哈希值相应变大；如果说每个区块的出块速度偏快，那么说明计算难度太低了，相应地应该将目标哈希值变小，提升计算难度。目标哈希值的表示形式，前面的0的个数越多，说明目标哈希值越小，那么计算出nounce随机数的难度越大。

（6）节点先验证目标哈希值是否正确，如果正确，就广播出去，让周围节点验证。验证的过程如下：首先，验证前一个区块哈希值，时间戳不能在前一个区块的时间戳之前，也不能距离前一个区块的时间戳太久。其次，根据交易数来验证 Merkle tree root 计算是否正确，这样就可以验证交易数据在传输期间有无遗漏或错误。如果以上都没问题，那么这个区块就被写入了，这个区块中包括的交易数据在交易内存池中被删除。

（7）此阶段，矿工最明智的选择就是马上放弃自己正在计算的东西，根据最新区块的哈希值去计算下一个区块的 nounce 随机数。

以上就是比较简易的 PoW 共识机制的工作流程。在比特币 PoW 共识算法中，挖矿的过程是一个拼算力的过程。正因如此，PoW 算法由于耗电量大，消耗资源多，而在以太坊被优化为 PoW+PoS 共识机制。也有的数字货币将 SHA-256 算法替换成其他算法，来避免大型矿池中心化的形成以及巨大的耗电量问题。

（三）4BIP

社区在区块链中占有举足轻重的地位。一般来说区块链的 ICO 是从社区开始的，社区的成员既是支持项目的“粉丝”，也是监督项目的“股东”，社区越壮大，也说明该区块链项目的价值越高。现在的比特币区块链就主要由比特币社区成员进行维护，而且重要的提案必须在比特币社区中达成比特币改进提案（bitcoin improvement proposals，简称 BIP）。比如，BIP0021 代表的是由比特币社区成员提交的关于改进比特币统一资源标识符的提案（uniform resourceidentifier，简称 URI）。

BIP 有三种类型：①跟踪（track）BIP。一个标准跟踪 BIP 描述了影响大多数或所有比特币实现的任何变更，如网络协议的更改、块或交易有效性规则的更改、影响比特币使用的应用程序的互操作性的任何更改或添加。②信息（information）BIP。一个信息 BIP 描述了比特币设计问题，或向比特币社区提供一般指导或信息，但不提出新功能。信息 BIP 不一定代表比特币社区的共识或建议，因此用户和实现者可以自由地忽略信息 BIP 或遵循信息 BIP 的建议。③流程（process）BIP。一个流程 BIP 描述了围绕比特币的流程，或者建议改变流程（或事件）。流程 BIP 类似于标准跟踪 BIP，但适用于比特币协议本身以外的区域。流程 BIP 可能会提出一个实现，但不会提到比特币的代码库。与信息 BIP 不同，流程 BIP 不仅仅是建议，而且通常不能自由忽略用户。例如，包括程序、指南、决策过程的变更以及比特币开发中使用的工具或环境的变更。meta-BIP 也被视为流程 BIP。

比特币是典型的单链式区块链，具有去中心化，匿名免税、无国界等特性，但缺点也非常明显：①交易平台容易遭受攻击，钱包文件可能被盗；②交易速度慢，从下载历史交易块到交易再到全网认证，耗费很多时间，交易量逐渐积累，耗费的时间还会增加；③总数有限，易导致通货紧缩，也可能产生分叉，扰乱市场，因此价格波动很大，更适合炒作投机，而非真正的匿名交易；④财富聚集太快，大部分消费者的消费能力受到局限，整个系统缺乏活力。

随之而来的问题就是传统区块链网络为了达成共识，采用了 PoW 方式，这对资源是一种极大的浪费。每天，比特币采矿需要消耗 1000 MW·h 电力，这些电力足以为 3 万个美国家庭供电。比特币消耗巨大能源却用来解一堆毫无意义的数学题，这一设计思想一直饱受争议。区块链技术能够大规模普及，需要将算力集中在维持网络运行而不是无意义的求解上。

第二节 区块链 2.0

一、以太坊

以太坊（ethereum）是一个开源的有智能合约（smart contract）功能的公共区块链平台。通过其专用加密货币以太币（ether）提供去中心化的虚拟机（“以太虚拟机”ethereum virtual machine）来处理点对点合约。以太坊的概念首次在 2013—2014 年间由程序员 Vitalik Buterin 受比特币启发后提出，大意为“下一代加密货币与去中心化应用平台”，在 2014

年通过 ICO 众筹得以开始发展。

普遍的观点中，认为比特币是区块链 1.0 版本，而以太坊是区块链 2.0 版本的代表。

（一）ERC 20 和 ERC 721

ERC(ethereum request for comment)20 是以太坊定义的一个标准接口，允许任何基于以太坊的代币被其他从钱包到第三方交易平台的应用程序使用。这个标准接口提供了代币的基本功能并允许代币被批准。

ERC721 则是一个用于智能合约内实现非同质代币（non-fungible tokens，简称 NFTs）操作标准的 API，提供了用于跟踪所有权转移的基本功能，且允许非功能性测试跟踪在标准化的钱包和交易所的交易。例如，在 github 里的 cryptokitties-bounty 程序代码提到，就是用 ERC721 token 合约来定义的每只以太猫："CryptoKitties are non-fungible tokens(see ERC#721) that are indivisible and unique."（以太猫是用 ERC721 实现的非同质性通证，每一只以太猫都是独一无二的。）

ERC721 代币的核心是非同质代币 NFTs，即每一个代币具有唯一性（unique），它们彼此之间是不同的。还是以"以太猫"为例，每只以太猫拥有独一无二的基因，每只小猫和繁衍的后代也都是独一无二的。从原理上来看，每只以太猫在区块链平台上都是一条独一无二的代码，可以保证没有两只外表和特性完全相同的小猫。在 ERC721 中，每个代币都有一个独立唯一的 tokenID，正如在 CryptoKitties 里每一只猫的 ID 都是唯一的。简而言之，ERC721 定义的每个代币都具有唯一性，而 ERC20 里的每个 token 都相同（同质性）。

（二）燃料费

数字货币交易一般是有交易费的，比特币的交易费很容易理解，就是直接支付一定额度的比特币作为手续费。而以太坊的交易费表面上看也是如此，交易需要支付一定额度的以太币（ETH），但实际内部运行用的是燃料（gas）费这个概念。

为了更好地理解以太坊的 gas 工作方式，我们使用为汽车加油做一个类比。假设我们要去加油站加油，具体来说这个过程可以分为以下几个步骤：

（1）到达加油站，并指定你想要在你的车中注入多少汽油（gas）。

（2）往自己的汽车里注入汽油（gas）。

（3）向加油站支付你应付汽油（gas）的费用。

现在，我们将这一过程与以太坊 gas 工作方式进行比较：加油就是我们想要执行的操作，加油站就是矿工，而我们支付的燃料费也就是矿工费。

以太坊使用了智能合约，交易要按照智能合约规定的命令一步一步执行，每执行一个命令都会产生一定的消耗，这个消耗用 gas 作为单位，另外，不同命令消耗的 gas 数量也不相同。

每笔交易都包括一个 gas limit（有时候也被称为 startgas）和一个愿为单位 gas 支付的费用。其中 gas limit 是这笔交易允许消耗的 gas 的最大数量，可以理解为交易服务本身的服务费，而愿为单位 gas 支付的费用，可以理解为小费。

矿工有权利选择先打包哪一笔交易，而你支付的交易费越多矿工就越喜欢帮你打包，交易确认的速度也越快。

gas limit 是你一笔交易最多需要支付的交易费，交易费不会超过这个值，若交易完成后没有用完，那么多余的 gas 会以 ETH 的方式返还给你。

如果我们想让交易马上就被打包完成，那就得支付额外的小费，也就是附加 gas，如果算上小费，实际消耗的 gas 是可能超过 gas limit 数量的。

一个交易的交易费由两个因素组成：gas used，该交易消耗的总 gas 数量；gas price，该交易中单位 gas 的价格（用 ETH 计算），那么交易费就是两者的乘积：

$$\text{交易费}=\text{gas used}\times\text{gas price}$$

gas 是交易中计算交易费的单位，大概相当于我们开车消耗的汽油，最终交易费是多少还是用钱来表示更直观，如汽车行驶 100 km 消耗 8 L 汽油，换个说法，如果说 100 km 油费 56 元就直观了。

以太坊 gas 也是一样，最终直观表达交易费是多少钱的是 gas price，如完成一笔交易，交易费是 0.001ETH，那么这个 0.001ETH 就是 gas price。

尽管 gas 系统因为提出了一个能够非常积极地激励矿工的平稳运行机制而受到赞扬，但也受到了很多质疑，因为对于开发商和智能合约创造者来说成本有点高。无论如何，以太坊项目的参与者必须了解这些成本，并据此设计 DApp（distributed applications，分布式应用）。我们需要在区块链上和链外的复杂性之间找到平衡。

二、DApp

智能合约相当于服务器后台，要使用户拥有良好体验，还需要一个前台页面，通过 RPC 接口与后台对接，实现网页访问。部署在服务器上拥有完整的智能合约 + 前台交互界面的组合体，称为 DApp。

区块链和智能合约能实现的，现有的 IT 系统都能实现。区块链实现的重点并不在于性能的提升，而是业务模式的改变，相反性能大幅下降，其核心是去中心化。区块链只能实现对链内信息的信任，对外界引入的信息无法建立信任。区块链应用不需要币。

DApp 是下一步科技变革的方向。DApp 和以太坊中的智能合约较为相似，然而也有一些不同之处。DApp 不仅仅局限于金融领域，还能够用区块链技术完成你能想到的一切。

智能合约能将多方参与者连接到区块链上。智能合约需要依赖经济奖励运作，并且为了让更多的人在任意特定时间都能参与进来，还需要设置一些限制。DApp 极大改善了这一技术。

DApp 技术的一大卖点在于允许无限数量的市场各方参与进来。但更多的是，DApp 能够利用区块链技术达到财务之外的目的。创造新的 DApp 与写一份智能合约相比更容易实现。不要误以为任何人都能够凭空制作出 DApp，但确实学习做 DApp 不会很困难。

现在主要有两大类分布式应用。一类是完全匿名的分布式应用，这种应用允许每个参与者保持匿名，所有的交互都是在不经意间快速发生的。这项技术的应用之一就是 BitTorrent。另一类是非匿名的分布式应用，在这一生态系统中节点是可追溯的，并且在应用中身份是显示的。在非匿名的分布式应用中将尽可能地保证信任。然而，目前还没有方法量化信任，并且信任也不能在人与人之间转移。

三、智能合约

在以太坊中有两种账户，一种是由人工操作的普通账户，只有当前的 ETH 金额，另一种是智能账户，存储了状态和代码，每当收到相应的消息时，这些代码就会执行相应操作并改变账户的状态。这些账户也就是以太坊智能合约（smart contract）的载体。智能合约（nick szabo）是一种旨在以信息化方式传播、验证或执行合同的计算机协议，允许在没有第三方的情况下进行可信交易，这些交易可追踪且不可逆转。

以太坊的智能合约可以看作由事件驱动的、具有状态的、获得多方承认的、运行在一个可信共享的区块链账本之上的且能够根据预设条件自动处理账本上资产的程序。在矿工收集足够消息，准备加密生成一个区块时，必须启动一个运行环境（EVM）来运行智能账户收到消息时对应的代码。EVM 包含了一些内置变量，如当前区块的数量，消息来源的地址等，还会提供一些 API 和一个堆栈供智能合约执行时使用。

通过 EVM 运行代码后，智能账户的状态发生了变化，矿工将这些状态同普通账户里的资金变化一起，加密生成新的区块，连接到以太坊全网的账单上。因此一个交易只会在一个区块里出现，并且要得到大多数算力的确认才能连上，这可以保证这些代码执行的唯一性和正确性。

在区块链中的交易就是从一个地址往另一个地址转移基本单位，以太坊在这里将这种行为抽象成消息传递。每一次消息传递有发送者，也有接收者，消息内容可以是一笔交易，也有可能是一段信息。转账，其实就是消息传递。

智能合约的优势是利用程序算法代替人仲裁和执行合同。智能合约概念比较晦涩，我们通过一个募捐的智能合约的例子来帮助理解。假设我们想向全网用户发起募捐，那就先定义一个智能账户，它有三个状态：当前募捐总量、捐款目标和被捐赠人的地址，然后给它定义接收募捐函数和捐款函数两个函数。

（一）接收募捐函数

接收募捐函数每次收到发过来的转账请求，先核对发送者是否有足够多的钱（EVM 会提供发送请求者的地址，程序可以通过地址获取该人当前的区块链财务状况）。然后每次募捐函数调用时，都会比较当前募捐总量跟捐款目标，如果超过目标，就把当前收到的捐款全部发送到指定的被捐款人地址，否则的话，就只更新当前募捐总量状态值。

（二）捐款函数

将所有捐款发送到保存的被捐赠人地址，并且将当前捐款总量清零。每一个想要募捐的人，用自己的ETH地址向该智能账户发起一笔转账，并且指明了要调用接收募捐函数。于是我们就有一个募捐智能合约，人们可以往里面捐款，达到限额后钱会自动发送到指定账户，全世界的矿工都在为这个合约进行计算和担保，不再需要人去盯着看捐款有没有被挪用，这就是智能合约的魅力所在。

针对比特币可扩展性差的问题，以太坊的分布式账本就没有采用UTXO方式进行记账，而是沿用了传统金融中“账户—余额”的记账方式。

以太坊的优化效果很明显，以太坊在应用层加了合约功能，在共识层加入PoS（股权证明，公有链）、DPoS（授权股权，公有链），PBFT（不要代币，联盟链），扩充了区块，支持发送数据和变量，采用优化的加密算法和Merkle tree。缩短出块时间至16 s，不需要大量算力挖矿，提升交易速度，实现秒级确认。

以太坊也存在部分安全漏洞。

（1）以太坊曾发生过轰动一时的“The DAO”漏洞事件，就是运行在以太坊公有链上的The DAO智能合约遭受攻击，致使该合约筹集到的款项被一个函数的递归调用转入另外的子合约，涉及损失总额高达三百多万ETH。由于该合约是通过addr.call.value（）（）函数发送ETH，而非send（），从而让黑客有漏洞可钻，黑客只需要制造出一个fallback函数并再次调用splitDAO（）就可以转走ETH。

（2）Parity多重签名漏洞。使用多重签名的智能合约由于越权函数调用通常无法执行使用。黑客可以通过间接调用初始化钱包的库函数成为多个Parity钱包的所有者，而原来的所有者变成了攻击者。钱包的取款功能都会失效，黑客还可以调用“自杀”函数报废整个合约库。

（3）Solidity漏洞。Solidity是以太坊用来研发智能合约的一种类似JavaScript的语言，曾被爆出“太阳风暴”漏洞，即当以太坊的合约相互调用时，彼此的程序控制和状态功能可能丢失，就相当于切断了智能合约之间的通信。还有一种Solidity漏洞能够影响智能合约中的地址或数据类型，并且这些改动无法恢复。

（4）取款代码中的递归（recursive）调用漏洞也会导致严重后果，可能将其他用户账户中的以太币全部提空。

（5）以太坊还曾出现过区块节点漏洞。当时漏洞来自以太坊的第2283416区块节点，所有基于Go语言开发的以太坊1.4.11版本客户端出现内存溢出，并停止了挖矿。

（6）日食攻击（eclipse attack）指的是其他节点针对网络层进行的攻击，攻击手段为囤积和侵占被攻击者的点对点连接时隙（slot），将被攻击者限制在一个隔离的网络中，组织最新的区块信息进入日食节点，从而达到隔离的目的。

（7）时间戳依赖性。部分使用时间戳来作为某些操作触发条件的智能合约，所依据的通常是矿工本地时间，大约有900 s的波动范围，因此矿工就有机会通过设置区块的时间来尽可能最大化自身利益。

智能合约确实将区块链技术的应用范围做了大幅扩展，使区块链不再局限于区块链1.0的币币交易场景，而是由用户根据自己的实际需求自定义智能合约的条目。但在用户拥有高自由度的同时，一方面用户需要掌握一定的编程技能，另一方面智能合约一旦发布就全网可见并且不便于修改，因此很容易被其他人或蓄意作恶者抓住漏洞并展开攻击。

四、超级账本

即便是掌握了一定主动权的联盟链，也依旧无法摆脱基于账户的设计。超级账本hyperledger fabric（以下简称fabric）本身只是一个框架，没有任何的代币或者token结构，只有资产的概念，当其中的模块组件确定之后（相当于定制服务），才能作为区块链进行服务。其共识机制和不采用gas等方式表明Fabric仅适用于金融机构或企业级用户，不能服务于公有链。

Fabric通过会员服务提供商（membership service provider，MSP）来登记所有的成员信息，包含一个账本，使用链码（即chaincode，是Fabric的智能合约）并且通过所有参与者来管理交易。虽然不能用基于账户的设计来形容框架本身，但经过定制服务后的Fabric区块链系统仍然采用基于账户的记账方式，只是账户对应的不是余额而是资产，交易验证通过后，账本中属于账户名下的资产会更新。

系统节点分为三种。①客户端节点，即发起交易请求的节点。②对等节点（peer node），它又分为记账节点和背书节点。记账节点负责将交易信息记录到区块链，并改变数据库状态；背书节点除了记账外，还对客户端提交的交易提案进行审核，模拟交易并签名背书。所有对等节点保存的账本都是一致的；③排序服务节点（orderer），即对交易进行排序的节点，按照定义的策略将排序后的交易打包成区块。

Fabric 的账本子系统由世界状态（world state）组件和交易记录组件组成。世界状态组件描述了账本在特定时间点的状态，是账本的数据库。交易记录组件记录了产生世界状态当前值的所有交易，即世界状态的账本数据更新历史。

Fabric 提供了建立 channel（通道）的功能，允许参与者为交易新建一个单独的账本，只有在同一个 channel 中的参与者，才拥有该 channel 中的账本，其他人看不到该账本。任意一个 peer 节点都可以属于多个通道，且维护多个账本，但是账本数据不会从一个通道传到另一个通道，即多通道相互隔离。

Fabric 是异步的系统，不支持相同通道内同一对节点的并发事务处理，也就是说，如果同时发生了 Amy 转给 Bob 10 元，Bob 转给 Amy 10 元的交易，那么只有一条交易能成功，而另一条无法通过验证。此外，和以太坊类似，Fabric 也是使用智能合约（链码）来支持多种数字资产，那么创建者不得不自己重复编写业务逻辑，而用户也没有办法通过统一的方式去操作自己的资产，很难对智能合约的执行流程进行控制，无法对其功能进行限制。Fabric 的智能合约基于 docker（一种应用容器引擎）运行，无法对合约运行所消耗的计算资源进行精确的评估。此外，运行 docker 是耗费资源的操作，难以在移动设备上运行合约。最后，不同节点的硬件配置、合约引用的开发库等，都会影响合约执行，使得系统的不确定性过高。

Fabric 是由 IBM 带头发起的一个联盟链项目，于 2015 年年底移交给 Linux 基金会，成为开源项目。超级账本基金会的成员有很多知名企业，如 IBM、Intel、Cisco 等。基金会里孵化了很多区块链项目，Fabric 是其中最出名的一个，一般我们提到的超级账本基本上指的都是 Fabric。

（一）Fabric 架构

早期的区块链技术提供一个目的集合，但是通常无法很好地支持具体的工业应用。Fabric 是为了满足现代市场的需求，基于工业关注点和特定行业的多种需求来设计的，并引入了这个领域内的开拓者的经验，如扩展性。Fabric 为保护权限网络、隐私网络和多个区块链网络的私密信息提供一种新的方法。

Fabric 的架构历经了两个版本的演进，最初的 0.6 版本只能被用作商业验证，无法应用于真实场景。主要原因就是结构简单，基本上所有的功能都集中在 peer 节点，在扩展性、安全性和隔离性方面有着先天的不足。因此在后来推出的 1.0 正式版中，将 peer 节点的功能分拆开来，把共识服务从 peer 节点剥离，使其独立为 orderer 提供可插拔共识服务。更为重要的一个变化就是加入了多通道（multi-channel）功能，实现了多业务隔离，在 0.6 版本的基础上可以说是有了质的飞跃。

在 Fabric 中，会使用到以下术语。

交易（transaction）是区块链上执行功能的一个请求，功能是使用链节点（chain node）来实现的。

交易者（trans actor）是向客户端应用发出交易的实体。

世界状态（world state）是包含交易执行结果的变量集合。

总账（ledger）是一系列包含交易和当前世界状态的加密的链接块。

链码是作为交易的一部分保存在总账上的应用级的代码（如智能合约）。链节点运行的交易可能会改变世界状态。

验证 peer（validating peer）是网络中负责达成共识、验证交易并维护总账的一个计算节点。

非验证 peer（non-validating peer）是网络上作为代理员把交易连接到附近验证节点的计算节点。非验证 peer 只验证交易但不执行它们。它还承载事件流服务和 REST 服务。

带有权限的总账（permissioned ledger）是一个每个实体或节点都是网络成员的区块链网络。匿名节点是不允许连接的。

隐私（privacy）是链上的交易者隐瞒自己在网络上的身份的功能。虽然网络中的成员可以查看交易，但是交易者在没有得到特殊的权限前不能连接到交易。

保密（confidentiality）是使交易的内容不被非利益相关者访问到的功能。可审计性（auditability）是区块链必须具有的性质，指作为商业用途的区块链需要遵守法规，且便于让监管机构审计交易记录。

Fabric 中的链包含了链码、账本、通道的逻辑结构，它将参与方（organization）交易（transaction）隔离开来，满足了不同业务场景不同的人访问不同数据的基本要求。通常我们说的多链在运维层次上也就是多通道。一个 peer 节点可以接入多条通道，从而加入多条链，参与到不同的业务中。

多通道特性是 Fabric 在商用区块链领域推出的撒手锏，但是也不完美，虽然 peer 节点不能看到不相关通道的交易，但是对于 orderer 来说，所有通道的交易都可以看到。虽然可以使用技术手段分区，但无疑增加了复杂度。

账本简单地说，是一系列有序的、不可篡改的状态转移记录日志。状态转移是链码执行（交易）的结果，每个交易都是通过增、删、改操作提交一系列键值对到账本。一系列有序的交易被打包成块，这样就将账本串联成了区块链。同时，一个状态数据库维护账本当前的状态，因此也被称为世界状态。在 1.0 版本的 Fabric 中，每个通道都有其账本，每个 peer 节点都保存着其加入的通道的账本，包含着交易日志（账本数据库）状态数据库以及历史数据库。

账本状态数据库实际上存储的是所有曾经在交易中出现的键值对的最新值。调用链码执行交易可以改变状态数据。为了高效地执行链码调用，所有数据的最新值都被存放在状态数据库中。就逻辑来说，状态数据库仅仅是有序交易日志的快照，因此在任何时候都可以根据交易日志重新生成。状态数据库会在 peer 节点启动的时候自动恢复或重构，未完备前,该节点不会接受新的交易。状态数据库可以使用 LevelDB 或者 CouchDB。LevelDB 是默认的内置的数据库，CouchDB 是额外的第三方数据库。跟 LevelDB 一样，CouchDB 也能够存储任意的二进制数据，而且作为 JSON 文件数据库，CouchDB 额外支撑 JSON 富文本查询，如果链码的键值对存储的是 JSON，那么可以很好地利用 CouchDB 的富文本查询功能。

Fabric 的账本结构中还有一个可选的历史状态数据库，用于查询某个 key 的历史修改记录。需要注意的是，历史数据库并不存储 key 具体的值，而只记录在某个区块的某个交易里，某个 key 变动了一次。后续需要查询的时候，根据变动历史去查询实际变动的值，这样的做法减少了数据的存储，当然也增加了查询逻辑的复杂度，各有利弊。

账本数据库基于文件系统，将区块存储于文件块中，然后在 LevelDB 中存储区块交易对应的文件块及其偏移，也就是将 LevelDB 当作账本数据库的索引。文件形式的区块存储方式如果没有快速定位的索引，那么查询区块交易信息可能是噩梦。现阶段支持的索引有：区块编号，区块哈希、交易 ID 索引交易、区块交易编号、交易 ID 索引区块，以及交易 ID 索引交易验证码。

（二）Kafka 共识

基于 Kafka 实现的共识机制是 Fabric 1.0 中提供的共识算法之一。之所以将 0.6 版本中提供的 PBFT 暂时取消，一是因为交易性能达不到要求；二是因为 Fabric 面向的联盟链环境中，节点都是有准入控制的，拜占庭容错的需求不是很强烈，反而是并发性能最重要。因此，也就有了 Kafka 共识。

一个共识集群由多个 orderer（OSN）和一个 Kafka 集群组成。orderer 之间并不直接通信，而是和 Kafka 集群通信。在 orderer 的实现里，通道在 Kafka 中以 topic 的形式隔离。每个 orderer 内部，针对每个通道都会建立与 Kafka 集群对应 topic 的生产者及消费者。生产者将 orderer 收到的交易发送到 kafka 集群进行排序，在生产的同时，消费者也同步消费排序后的交易。

那么如何鉴别某个交易属于哪个区块呢？Fabric 的区块结块由两个条件决定，区块交易量和区块时间间隔。一方面，当配置的交易量达到阈值时，无论是否达到时间间隔，都会触发结块操作；另一方面，如果触发了设置的时间间隔阈值，只要有交易就会触发结块操作，也就是说 Fabric 中不会有空块。结块操作是由 orderer 中的 Kafka 生产者发送一条 TTC-X（time to cut block X）消息到 Kafka 集群，当任意 orderer 的 Kafka 消费者接收到任意产生者发出的 TTC-X 消息时，都会将之前收到的交易打包结块，保存在 orderer 本地，之后再分发到各 peer 节点。

Fabric 架构的介绍更多地是针对 Fabric 平台运维工程师，而对于更多的应用开发者来说，链码可能更为重要。链码是超级账本提供的智能合约，是上层应用与底层区块链平台交互的媒介。Fabric 可以提供 Go、Java 等语言编写的链码。编写链码有一个非常重要的原则：不要出现任何本地化和随机逻辑。此处的本地化是执行环境本地化。区块链因为是去中心架构，业务逻辑不是只在某一个节点而是在所有的共识节点都执行，如果链码输出与本地化数据相关，那么就可能会导致结果差异，从而不能达成共识。比如，时间戳、随机函数等，这些方法在链码编程中必须慎用。

简单地说，peer 节点是一个独立存在的计算机节点，可以是物理机也可以是虚拟机，总之是独立实体。peer 节点在没有加入通道之前，是不能够做任何业务的，因为它没有业务载体。而通道就是业务载体，是纯粹的逻辑概念，可以独立于 peer 节点之外存在，但因此也没任何存在的意义了。链码就是业务，业务是跑在通道里的，不同的通道即便是运行相同的链码，因为载体不同，也可认为是两个不同业务。peer 节点是地，通道是路，链码是车，三者相辅相成才能构建一套完整的区块链业务系统。经过以上分析，链码的部署也就如“把大象放进冰箱”这么简单了：①创建业务载体通道；②将通道与 peer 节点绑定；③在通道上实例化链码。

（三）Fabric 的实现

Fabric 是由以下核心组件所组成的。

1. 架构

这个架构关注三个类别：会员或成员（membership）、区块链和链码。这些类别表示的是逻辑结构，而不是在物理上把不同的组件分割到独立的进程、地址空间或者（虚拟）机器中。

成员服务为网络提供身份管理、隐私、保密和可审计性的服务。在一个不带权限的区块链中，参与者是不需要被授权的，且所有的节点都可以提交交易并把它们汇集到可接受的区块中，并没有角色的区分。成员服务通过公钥基础设施（public key infrastructure，PKI）和去中心化的共识技术使得不带权限的区块链变成带权限的区块链。在带权限的区块链中，可通过实体注册来获得长时间的，根据实体类型生成的身份凭证（登记证书 enrollment certificates）。在用户使用过程中，这样的证书允许交易证书颁发机构（transaction certificate Authority，TCA）颁发匿名证书。这样的证书（如交易证书）被用来对提交交易授权。交易证书存储在区块链中，并对审计集群授权，否则交易是不可链接的。

区块链服务通过 HTTP / 2 上的点对点（peer-to-peer）协议来管理分布式总账。为了提供最高效的哈希算法来维护世界状态的复制，数据结构进行了高度的优化。每个服务部署中可以插入和配置不同的共识算法（如 PBFT、Raft、PoW、PoS 等）。

链码服务提供一个安全的、轻量的沙箱，以便在验证节点上执行链码。环境是一个“锁定”的容器，且包含签过名的安全操作系统镜像和链码语言，如 Go、Java 和 Node.js，也可以根据需要来启用其他语言。

验证节点和链码可以向在网络上监听并采取行动的应用发送事件。这些事件是已经预定义的事件集合，链码可以生成客户化的事件。事件会被一个或多个事件适配器消费，然后适配器可能会把事件投递到其他设备，如 Web hooks 或 Kafka。

Fabric 的主要应用编程接口（API）是 REST API，并通过 Swagger 2.0 来改变。API 允许注册用户、区块链查询和发布交易。链码与执行交易的堆间的交互和交易的结果查询会由 API 集合来规范。

命令行界面（CLI）包含 REST API 的一个子集，使得开发者能更快地测试链码或查询交易状态。CLI 通过 Go 语言来实现，并可在多种操作系统上操作。

2. 拓扑

一个 Fabric 部署是由成员服务，多个验证节点、非验证节点和一个或多个应用组成一个链。但也可以有多个链，各个链具有不同的操作参数和安全要求。从功能上讲，一个非验证节点是验证节点的子集，非验证节点上的功能都可以在验证节点上启用，所以最简单的网络由一个验证节点组成。单个验证节点不需要共识，默认情况下使用 noops 插件来处理接收到的交易，而这使得开发人员能立即接收到返回结果。

生产或测试网络由多个验证节点和非验证节点组成。非验证节点可以为验证节点分担像 API 请求处理或事件处理这样的压力。网状网络（即每个验证节点需要和其他验证节点都相连）中的验证节点用来传播信息。一个非验证节点需要连接到附近的并且允许它连接的验证节点。当应用可能直接连接到验证节点时，非验证节点是可选的。验证节点和非验证节点的各个网络组成一个链。可以根据不同的需求创建不同的链。

（四）Fabric 的局限性

1. 通道的管理问题

在 Fabric 的设计里，通道其实就相当于账本。区块链的一个重要特性是不可篡改，如果直接将整个链删除，那将造成严重后果。在使用 Kafka 共识的过程中，如果操作不当，直接在 Kafka 中删除数据，而 orderer 没有逻辑去处理这种异常删除，则会不断地重试，并在达到重试极限后直接崩溃。如果一个通道的错误影响了整个系统的运转，那么这就不是一个好设计。

2. 没有完善的数据管理方案

在使用场景中，数据增长是很快的，如果使用 CouchDB 作为底层数据引擎，数据更是几何级数地爆发。现有的解决方案只能是在云上部署节点，提供可持续扩充的云硬盘，再者使用 LevelDB 替换掉 CouchDB，避免使用模糊查询。

五、PoS

2011 年 7 月，一位名为 Quantum Mechanic 的数字货币爱好者在比特币论坛（www.bitcointalk.org）首次提出了权益证明（PoS）共识算法。2012 年，化名 Sunny King 的网友推出了 peercoin（PPC），该加密电子货币采用工作量证明机制发行新币，采用权益证明机制维护网络安全，这是权益证明机制在加密电子货币中的首次应用。PoS 由系统中具有最高权益而非最高算力的节点获得记账权，其中权益体现为节点对特定数量货币的所有权，称为币龄或币天数（coin days）。PPC 将 PoW 和 PoS 两种共识算法结合起来，初期采用 PoW 挖矿方式以使通证相对公平地分配给矿工，后期随着挖矿难度增加，系统将主要由 PoS 共识算法维护。PoS 一定程度上解决了 PoW 算力浪费的问题，并能够缩短达成共识的时间，因而比特币之后的许多竞争币都采用 PoS 共识算法。

与要求证明人执行一定量的计算工作不同，权益证明要求证明人提供一定数量加密货币的所有权即可。权益证明机制的运作方式是，当创造一个新区块时，矿工需要创建一个“币权”交易，交易会按照预先设定的比例把一些币发送给矿工本身。权益证明机制根据每个节点拥有代币的比例和时间，依据算法等比例地降低节点的挖矿难度，从而加快寻找随机数的速度。这种共识机制可以缩短达成共识所需的时间，但本质上仍然需要网络中的节点进行挖矿运算。因此，PoS 机制并没有从根本上解决 PoW 机制难以应用于商业领域的问题。

六、sharding 与 plasma

以太坊目前的处理速度不超过 100 TPS。以太坊宣称采用 plasma（支链）和 sharding（分片）技术提高效率，但两者均未实现。

plasma 是让智能合约在激励下强制执行的框架，该框架可以将容量扩大到每秒钟十亿次左右的状态更新，让区块链本身成为全球大量去中心化金融应用的一个集合。这些智能合约在激励下持续通过网络交易费用自主运行，而它们最终依赖的是底层区块链（如以太坊）去执行交易状态的转变。主链是树根，plasma 是树枝，plasma 网络发送报告给主链，可极大地减少主链的压力。所有的 plasma 分支网络可以发行自己的 token，从而激励链上的验证者来维护该链并维持公平性。这样用较小的分支区块链运算，只将最后结果写入主链，可提升单位时间的工作量。如果能够实施成功将大大改善扩容性。

sharding，简单来说就是将区块链网络分成多个片区，每个片区都独立运行计算，减少每个节点所需记录的数据量，通过平行运算提升效率。每个片区之间不能随意沟通，需要遵循某些协议，确保片区计算是相互独立且同步的。但实施起来还很复杂，需要建立一种机制来确认某个节点去运行某个分区，并且该机制还要保证同步计算和安全性。

第三节　区块链 3.0

一、DPoS 及其他共识机制

授权股份证明算法（delegated proof-of-stake，DPoS）是基于 PoS 的算法，任何拥有和 EOS（enterprise operatin system）整合的区块链上代币的用户可以通过投票系统来选择区块生产者。任何人可以参与区块生产者的选举，同时他们也可以生产“他们获得的投票数／所有其他生产者获得的投票数”比例的区块数。

2013年8月，比特股（Bitsharcs）项目提出DPoS。DPoS共识的基本思路类似于“董事会决策”，即系统中每个节点可以将其持有的股份权益当作选票授予一个节点代表，获得票数最多且愿意成为节点代表的前*n*个节点将进入董事会，按照既定的时间表轮流对交易进行打包结算，并且签署（即生产）新区块。如果说PoW和PoS共识分别是“算力为王”和“权益为王”的记账方式的话，DPoS则可以认为是“民主集中式”的记账方式，其不仅能够很好地解决PoW浪费能源和联合挖矿对系统的去中心化构成威胁问题，而且能够弥补PoS中拥有记账权益的参与者未必希望参与记账的缺点，设计者认为DPoS是当时最快速、最高效、最去中心化和最灵活的共识算法。

DPoS机制是一种新的保障网络安全的共识机制，与董事会投票类似，该机制拥有一个内置的实时股权人投票系统，就像系统随时都在召开一个永不散场的股东大会，所有股东都在这里投票决定公司决策。基于DPoS机制建立的区块链的去中心化依赖于一定数量的代表，而非全体用户。在这样的区块链中，全体节点投票选举出一定数量的节点代表，由他们来代表全体节点确认区块、维持系统有序运行。同时，区块链中的全体节点具有随时罢免和任命代表的权力。如有必要，全体节点可以通过投票让现任节点代表失去代表资格，重新选举新的节点代表，实现实时的民主。股份授权证明机制可以大大减少参与验证和记账节点的数量，从而达到秒级的共识验证。

（一）石墨烯

石墨烯（graphene)，是EOS创始人Daniel Larimer带领Cryptonomex公司团队一起创立的区块链底层技术架构，Daniel基于此架构开发了Bitshares、Steem、EOS等具有影响力的项目。

石墨烯使用区块链来记录参与者的转账信息及市场行为。其中的每一个区块总是指向前一个区块，因此一个区块链条包含了所有在网络上发生的交易信息，每个人都能够查看详细数据，并验证交易、市场订单和买卖盘数据。

石墨烯可以看作Bitshares对DPoS共识机制的具体实现，其出块速度大约为1.5 s，相对于比特币的每秒不到10笔，以太坊的每秒30多笔，石墨烯技术使得区块链应用实现了更高的交易吞吐量，Bitshares 每秒处理的事务量可达十万级别，而 EOS.IO 则宣称达百万级别。

（二）拜占庭容错算法

拜占庭将军问题（Byzantine failures），是由莱斯利·兰伯特（Leslie Lamport）提出的点对点通信中的基本问题，描述的是在存在消息丢失的不可靠信道上试图通过消息传递的方式达到一致性是不可能的问题。因此对一致性的研究一般假设信道是可靠的，或不存在问题。

拜占庭曾是东罗马帝国的首都，由于当时罗马帝国国土辽阔，为了防御敌军，每个军队都分隔很远，将军与将军之间只能靠信差传消息。在战争的时候，拜占庭军队内所有将军和副官必需达成共识，决定有赢的机会才去攻打敌人的阵营。但是，在军队内有可能存有叛徒和敌军的间谍，左右将军们的决定又扰乱整体军队的秩序。在已知有成员谋反的情况下，其余忠诚的将军如何不受叛徒影响达成一致协议是值得思考的，这时候就形成了拜占庭问题。

问题是这些将军在地理上是分隔开来的，并且将军中存在叛徒。叛徒可以任意行动以达到以下目标：欺骗某些将军采取进攻行动；促成一个不是所有将军都同意的决定，如当将军们不希望进攻时促成进攻行动，或者迷惑某些将军，使他们无法做出决定。如果叛徒达到了这些目的之一，则任何攻击行动的结果都是注定要失败的，只有完全达成一致的努力才能获得胜利。

拜占庭假设是对现实世界的模型化，由于硬件错误、网络拥塞或断开以及遭到恶意攻击，计算机和网络可能出现不可预料的行为。拜占庭容错协议必须处理失效节点，并且还要满足所要解决的问题要求的规范。

PBFT 是 practical Byzantine fault tolerance 的缩写，意为实用拜占庭容错算法。卡斯特罗（Miguel Castro）和利斯科夫（Barbara Liskov）在 1999 年的论文中提出了里氏替换原则（LSP），解决了原始拜占庭容错算法效率不高的问题，将算法复杂度由指数级降低到多项式级，使得拜占庭容错算法在实际系统应用中变得可行。该论文发表在 1999 年的操作系统设计与实现的国际会议上（OSDI99）。

该论文描述了一种采用副本复制（replication）算法解决拜占庭容错问题的方法，认为拜占庭容错算法将会变得更加重要，因为恶意攻击和软件错误的发生将会越来越多，并且会导致失效的节点（拜占庭节点）产生任意行为。拜占庭节点的任意行为有可能误导其他副本节点产生更大的危害，而不仅仅是宕机失去响应。早期的拜占庭容错算法要么是基于同步系统的假设，要么因为性能太低而无法在实际系统中运作。PBFT算法是实用的，能够在异步环境中运行，并且在早期算法的基础上，通过优化把响应性能提升了一个数量级以上。两位作者使用PBFT算法实现了拜占庭容错的网络文件系统（NFS），测试证明了该系统性能只比无副本复制的标准NFS慢3%。

PBFT在保证安全性和活性（safety and liveness）的前提下提供了$(n-1)/3$的容错性。从兰伯特教授在1982年提出拜占庭问题开始，已经有一大堆算法能够解决拜占庭容错问题了。但PBFT跟这些传统解决方法完全不同，在只读操作中只使用1次消息往返（message round trip），在只写操作中只使用两次消息往返，并且在正常操作中使用了消息验证编码（message authentication code，MAC），而造成传统方法性能低下的公钥加密（public-key cryptography）只在发生失效的情况下使用。

PBFT具有几大特性：①首次提出在异步网络环境下使用状态机副本复制协议；②多种优化使性能显著提升；③实现了一种拜占庭容错的分布式文件系统；④为副本复制的性能损耗提供试验数据支持。

在PBFT系统模型中，假设系统为异步分布式，通过网络传输的消息可能丢失、延迟、重复或者乱序。假设节点的失效是独立发生的，也就是说代码、操作系统和管理员密码这些东西在各个节点上是不一样的。PBFT使用了加密技术来防止欺骗攻击、重播攻击，并检测被破坏的消息。消息包含了公钥签名（其实就是RSA算法）、消息验证编码（MAC）和无碰撞哈希函数生成的消息摘要（message digest）。使用m表示消息，m_i表示由节点i签名的消息，$D(m)$表示消息m的摘要。按照惯例，只对消息的摘要签名，并且附在消息文本的后面，并且假设所有的节点都知道其他节点的公钥以进行签名验证。

系统允许攻击者操纵多个失效节点、延迟通信甚至延迟正确节点，但是限定攻击者不能无限期地延迟正确的节点，并且攻击者算力有限不能破解加密算法。例如，攻击者不能伪造正确节点的有效签名，不能从摘要数据反向计算出消息内容，或者找到两个有同样摘要的消息。

PBFT 算法实现的是一个具有确定性的副本复制服务，这个服务包括了一个状态（state）和多个操作（operations）。这些操作不仅包括进行简单读写，而且包括基于状态和操作参数进行任意确定性的计算。客户端向副本复制服务发起请求来执行操作，并且阻塞以等待回复。副本复制服务由 n 个节点组成。

算法在失效节点数量不超过$(n-1)/3$的情况下同时保证安全性和活性。安全性是指副本复制服务满足线性一致性（linearizability），就像中心化系统一样保证操作的原子性。安全性要求失效副本的数量不超过上限，但是对客户端失效的数量和是否与副本串谋不做限制。系统通过访问控制来限制失效客户端可能造成的破坏，审核客户端并阻止客户端发起无权执行的操作。同时，服务可以提供操作来改变一个客户端的访问权限。因为算法保证了权限撤销操作可以被所有客户端观察到，所以这种方法可以提供强大的机制使失效的客户端从攻击中恢复。

算法不依赖同步提供安全性，但必须依靠同步提供活性。否则，这个算法就可以被用来在异步系统中实现共识，而这是不可能的。PBFT 算法保证活性，即所有客户端最终都会收到针对他们请求的回复，只要失效副本的数量不超过$(n-1)/3$，并且延迟 delay（t）不会无限增长。这个 delay（t）表示t时刻发出的消息到它被最终接收的时间间隔，假设发送者持续重传直到消息被接收。这是一个相当弱的同步假设，因为在真实系统中网络失效最终都会被修复。但是这就规避了 Fischer 在 1985 年提出的异步系统无法达成共识的问题。

（三）PBFT 算法的弹性最优

PBFT 算法弹性最优的条件：当存在f个失效节点时必须保证存在至少$3f+1$个副本数量，这样才能保证在异步系统中提供安全性和活性。在同$n-f$个节点通信后系统必须做出正确判断，而且因为f个副本有可能失效而不发回响应，也有可能f个没有失效的副本不发回响应，所以f个不发回响应的副本有可能不是失效的，系统仍旧需要足够数量非失效节点的响应，并且这些非失效节点的响应数量必须超过失效节点的响应数量，即$n-2f>f$，进而得到$n>3f$。

算法不能解决信息保密的问题，失效的副本有可能将信息泄露给攻击者。在一般情况下算法不可能提供信息保密服务，因为服务操作需要使用参数和服务状态处理任意的计算，所有的副本都需要这些信息来有效执行操作。当然，还是有可能在存在恶意副本的情况下通过秘密分享模式（secret sharingscheme）来实现私密性，因为部分参数和状态对服务操作来说是不可见的。

PBFT 是一种状态机副本复制算法，即服务作为状态机进行建模，状态机在分布式系统的不同节点进行副本复制。每个状态机的副本都保存了服务状态，同时也实现了服务的操作。将所有的副本组成的集合用大写字母R表示，使用 0 到$|R|-1$的整数表示每一个副本。为了描述方便，假设$|R|=3f+1$，这里于是有可能失效的副本的最大个数。尽管可以存在多于$3f+1$个副本，但是额外的副本除了降低性能之外不能提高可靠性。

所有的副本在一个被称为视图（view）的轮换过程（succession ofconfiguration）中运作。在某个视图中，一个副本为主节点（primary），其他的副本为备份（backups）。视图编号是连续的整数。主节点由公式$p=v \bmod |R|$计算得到，这里v是视图编号，p是副本编号，$|R|$是副本集合的个数。当主节点失效的时候就需要启动视图更换（view change）过程。ViewStamped Replication 算法和 Paxos 算法就是使用类似方法解决良性容错的。

①客户端向主节点发送调用服务操作请求；②主节点通过广播将请求发送给其他副本；③所有副本都执行请求并将结果发回客户端；④客户端需要等待$f+1$个不同副本节点发回相同的结果，作为整个操作的最终结果。

同所有的状态机副本复制技术一样，PBFT 对每个副本节点提出了两个限定条件。①所有节点必须是确定性的。也就是说，在给定状态和参数相同的情况下，操作执行的结果必须相同。②所有节点必须从相同的状态开始执行。在这两个限定条件下，即使失效的副本节点存在，PBFT 算法对所有非失效副本节点的请求执行总顺序一致，从而保证安全性。

2013 年 2 月，以太坊创始人 Vitalik Buterin 在比特币杂志网站详细地介绍了 Ripple（瑞波币）及其共识过程的思路。Ripple 项目实际上早于比特币，2004 年就由瑞安·福格尔（Ryan Fugger）实现了，其初衷是创造一种能够有效支持个人和社区发行自己货币的去中心化货币系统；2014

年，大卫·施瓦茨（David Schwartz）等提出了瑞波协议共识算法（ripple protocol consensus algorithm，RPCA），该共识算法解决了异步网络节点通信时的高延迟问题，通过使用集体信任的子网络（collectively-trusted sub networks），在只需最小化信任和最小连通性的网络环境中实现了低延迟、高鲁棒性的拜占庭容错共识算法。目前，Ripple 已经发展为基于区块链技术的全球金融结算网络。

2013 年，斯坦福大学的迭戈·翁伽罗（Diego Ongaro）和约翰·奥斯特豪特（John Ousterhout）提出了 Raft 共识算法。要知道，由于 Paxos 论文极少有人理解，Lamport 于 2001 年曾专门写过一篇文章 *Paros made sim ple*，试图简化描述 Paxos 算法，但效果不好，这也直接促进了 Raft 的提出。目前 Raft 已经在多个主流的开源语言中实现。

（四）EOS.IO

EOS 可以理解为 enterprise operation system，即为商用分布式应用设计的一款区块链操作系统。EOS 是 EOS 软件引入的一种新的区块链架构，旨在促进分布式应用性能扩展。请注意，EOS 并不是像比特币和以太币那样的数字货币，而是基于 EOS 软件项目之上发布的代币。

EOS 的主要特点如下。

（1）EOS 有点类似于微软的 Windows 平台，通过创建一个对开发者友好的区块链底层平台，支持多个应用同时运行，为开发 DApp 提供底层的模板。

（2）EOS 通过并行链和 DPoS 的方式解决了延迟和数据吞吐量的难题，EOS 拥有上千 TPS 级别的处理速度，而比特币的处理速度为 7 TPS，以太坊的处理量为 30 ～ 40 TPS。

（3）EOS 是没有手续费的，受众群体更广泛。在 EOS 上开发 DApp，需要用到的网络和计算资源是按照开发者拥有的 EOS 的比例分配的。当你拥有了 EOS，就相当于拥有了计算机资源，随着 DApp 的开发，你可以将手里的 EOS 租赁给别人使用，单从这一点来说 EOS 也具有广泛的价值。简单来说，就是你拥拥有了 EOS, 就相当于拥有了一套房 , 可以租给别人收房租 , 或者说拥有了一块地 , 可以租给别人建房。

在 ETH 上运行智能合约不是免费的，一旦 gas 耗尽，合约也就停止了。在 EOS 上运行合约，取决于 EOS 的数量，拥有的 EOS 越多，可租赁的就越多，随着继续发展，价格也会越高；在 EOS 上开发 DApp 不需要自己写很多的模块，因为 EOS 为开发者搭建了底层模块，提供一个平台，降低了开发的门槛。

二、everiToken

everiToken 是为通证经济量身打造的适合区块链应用落地的平台和生态系统，是一条全新的公链。真实世界的资产、证书和各种凭证都可以通过发行通证来数字化，并且以超高的安全性和很快的速度在网络上流通。

（一）安全合约

智能合约从理论上讲是一种有效的进行分布式商品交易和服务交易的数字手段。但是实际上，智能合约存在广泛的安全漏洞，如可能产生不恰当的执行代码或者逻辑错误从而导致账户锁定、访问泄露、服务终止等问题。因此，智能合约往往不能起到增加信任的作用，反而可能比传统合同更加不可靠。

everiToken 引入了安全合约的新思想，用户不需要直接编码，而是通过使用安全合约接口来方便快速地进行通证的发行和转移。为满足原生集成功能的核心需求，所有的安全合约接口都要经过充分的审查和验证，安全合约确保链上所有的交易都要是安全无漏洞的。尽管安全合约并非图灵完备，它仍旧可以通过接口实现通证经济绝大多数必要的功能，并且为通证的发行者提供完成离线服务的可能。

此外，安全合约可以增加系统利用率来提高速度，使用接口使得突发事件更容易进入现有工作流中而不用从头编译中断代码。另外，接口使得不同种类的数据转换变得清晰，系统知道什么操作处理什么数据，可以更方便地将不冲突的操作并行处理以提高系统速度，实测系统速度已经达到 10000 TPs。

（二）数据库

EOS 为了支持回滚操作，使用了基于多索引的内存数据库，所有操作的结果都存在内存数据库中。为了在合约代码异常时支持分叉和需要恢复时回滚，每个操作中都需要记录回滚相关的额外数据。此外，要把所有的数据都存在内存中处理。可以预见的是，随着时间的推移、用户量和交易量的增加，对内存的需求将会显著增加。这对节点的存储容量提出了很高的要求。并且，如果程序崩溃或重新启动，内存中的数据将会丢失，为了恢复数据需要重复之前区块中的所有操作，从而导致漫长而不合理的冷启动时间。

在保留 EOS 内存数据库的同时，everiToken 团队开发了一个基于 RocksDB 的通证数据库，它有几个好处：

（1）RocksDB 是一个非常成熟的工业级键值对数据库，已经在 Facebook 等核心集群中得到了充分的验证和使用。

（2）RocksDB 是基于 LevelDB 的，提供了比 LevelDB 更好的性能和更丰富的功能。它还对低延迟的情况（如闪存或者固态硬盘）进行了重点优化。

（3）在必要的情况下，RocksDB 也可以当作内存数据库使用。

（4）基于 RocksDB 的体系结构天然支持版本回退等特性，并且几乎不会影响性能。

我们的通证数据库使用 RocksDB 作为底层存储引擎。我们针对通证相关操作进行了最大程度的优化，旨在提高性能。借助 RocksDB 我们可以以较低成本实现回滚操作。此外，通证数据库还支持数据固化、定量备份、增量备份等可选功能，也解决了冷启动的问题。

everiToken 所有的操作都是高度抽象的，操作类型都是已知的，并且删除了不必要的信息，因此与通用系统（EOS）相比，它的冗余度非常低，且使区块得以变小。

专注于通证使得 everiToken 具有高标准化的特点。所有由用户自定义发行的通证满足同样的结构。具体来说，每一个通证都有一个域名（domainname），用于对应一个特定的域（domain）。这个域就是通证所属的类别。同时，通证发行者需要在这个域中设定一个独一无二的通证名字，通常来说通证名字具有丰富的内涵。例如，产品的条形码可以用来命名，它包含了产品的原产地和制造商等信息。每一个通证在系统中的唯一性由其名字和域名共同决定。另外，每一个通证至少具有一个所有者（owner）。

每个人都有权发行自己的通证。通证本身不具有价值，价值由发行者的真实信用背书。一旦一个新的通证被发行出来，它就可以通过转移操作转给他人。在 everiToken 系统中，通证转移的本质就是变更通证的所有者。每个通证上都记有该通证的所有者（可以有一个或多个所有者）。需要变更所有者时，参与该通证流通的成员可进行数字签名以确认该次操作，由 everiToken 节点确认满足权限要求并同步到其他节点后，该通证的所有权即发生变化。

（三）权限管理

everiToken 系统中权限管理包括三种类型，即发行（issue）、转移（transfer）和管理（manage）。发行是指在该域中发行通证的权限。转移是指转移该域中通证的权限。管理是指修改该域的管理权限。

每一个权限都由一个树形结构来管理，我们称为权限树（authorizationtree）。从根节点开始，每一个授权都包括阈值及与之相对应的一个或多个参与者（actor）。

参与者分为三种：账户（account）、组（group）和所有者组（owner group）。账户是独立的个体用户，组是集群账户，所有者组是一个特殊的组。

一个组可以是俱乐部、公司、政府部门或者基金会，甚至可以只是一个人。组包含组公钥及每个成员的公钥和权重。当批准操作的组中所有授权成员的权重总计达到阈值时，该操作就被批准。

同时，持有组公钥的成员可以对组成员及其权重进行修改，我们称这种机制为组内自制（group autonomy）。

当一个组第一次创建时，系统自动生成一个组 ID 分配给它。发行者在域中设计权限管理时，可以直接引用现有的组 ID 作其权限管理的某一个组。

一个通证的所有者是一个特殊的组，它的名字固定为所有者组，包含所有该通证的所有者。这个组的特点是不同通证的所有者组不同，并且每一个成员的权重都是 1，面组的阈值是组内成员的总数。

权限管理由通证发行者设定，每一个权限至少由一个组来管理。当一个通证发行时，发行者必须指定每一个权限下相关组的权重和阈值。在一个域下执行任何操作之前，系统会验证该操作是否得到了足够的权重，只有当得到授权的权重达到阈值，操作才会被执行。这种灵活的权限管理与分组设计适用于现实生活中的许多复杂情况。

在每个组内，所有者组里面只有 Alice 一个人，组 A 可以由 Bob 和 Tony 两个人授权或者由 Tom 和 Tony 两个人授权，而组 B 需要 Henry 和 Emma 共同授权才行。

任何用户都有权力发行通证，但是不同域中通证的应用场景各不相同。房产的转移一定要得到政府授权并且处于严格的监管之中；会员卡和优惠券需要公司商标来背书；一场音乐会的门票看完之后就失去了价值，但是一个停车位的所有权可能随时间在变化。

当发行通证时，通证发行者可以通过设置域中的权限来实现对通证的权限管理。

（四）通证数据库

everiToken 使用 token-based 记账模型来管理非同质通证。

简单来说，对于一个 token-based 账本，在通证发行之初建立一个包含通证 ID 和所有者的记录，然后可以在每次转移给其他人时更新它的所有者。这对于非同质通证来说是一种很高效的方式。这使得更新和查询通证信息变得非常快，因为有一个专门为此设计的通证数据库。

token-based 记账模型已经完美地运用在 everiToken 系统中的非同质通证上。everiToken 可以被认为是一个状态机，当且仅当对每个不可逆区块执行操作时才改变其状态。对一个使用 token-based 记账模型的区块链，像 everiToken，可以把数据库分为两个部分，一个是通证数据库（tokenDB），一个是区块数据库（blockDB）。这两个数据库都应该是一个版本化的数据库，可以在区块反转时快速回滚。everiToken 使用 rocksDB 作为通证数据库。

通证数据库是一个索引数据库，用于快速查找区块链的最新状态，如通证所有者或者一个账户的同质通证余额。当一个交易执行时，在数据库中更改所有者。通证数据库是一个只扩展的数据库，即只允许添加新的数据，并且更新到新的版本，旧的数据并不会直接删除。老版本的数据可以用于回滚，如果这个区块发生了反转，最终反转的区块会被垃圾站回收。

（五）区块数据库

区块数据库负责存储链上所有的原始不可逆块，每个块存储所有的细节信息，包括执行操作的名称和参数、块上的签名和一些附加信息。

（六）签名器 everiSigner

everiSigner 是一款离线签名工具，整个签名过程都是在插件中完成的，所以用户的私钥不会暴露出来。网站通过创建一条新的信道来保障安全，网站将需要签名的内容传入该信道，然后 everiSigner 返回已经签过名的数据。

（七）共识

everiToken 使用 BFT-DPoS 作为其共识算法。DPoS 已经被证明能够满足区块链应用的要求。在这一算法下，所有持有 EVT 通证的人可以通过连续的投票系统来选择生产区块的节点。任何人都可以参与区块生产，只要他能够说服通证持有者投票给他。

everiToken 每 0.5 s 产生一个区块，并且同一时间只有一个生产者被授权产生区块。如果该区块没有按时产生，则跳过这一时间段的块。当一个或多个区块被跳过时，区块链上可能存在 0.5 s 或更长时间的空隙。

在 everiToken 系统中，每 180 个块是一个轮次（每个生产者生成 12 个块，有 15 个生产者）。在每一轮开始时，15 个独特的区块生产者由 EVT 通证持有者投票选出。这些被选中的生产者按照 11 个或更多生产者同意的顺序进行出块。

如果一个生产者错过了一个块，并且在过去的 24 h 内没有生产任何块，它会被移出生产者行列，直到它再次向区块链表达出块的意愿。最小化不可靠生产者漏块的数量可保证网络运行的流畅性。

拜占庭容错算法允许所有的生产者来签署所有的块，只要没有生产者用同一个时间戳或块高度来签署两个不同的块。一旦有超过 11 个生产者签署了一个块，这个块就被验证通过并且不可逆转。

三、IOTA

2014 年发起众筹的 IOTA（埃欧塔）项目，其目标是利用有向无环图（directed acyclic graph，DAG，在 IOTA 里被称为 tangle 或缠结）来替代区块链，实现分布式的、不可逆的信息传递，并在此结构上提供加密货币，服务于物联网（internet of things，IoT）。

有向无环图，顾名思义，是指任意一条边有方向且不存在环路的图，是一种数据存储的方式，数据按照同一方向先后写入，不同数据节点不可能构成循环。

可能会有人担心，如果当前交易验证了前面的两笔正确的交易，后面没有交易来验证自己这笔交易该怎么办。这种情况几乎不会发生，因为在 IOTA 中，验证采用的仍然是 PoW 机制，而验证所需的工作量或时间与前续交易的权重成正比，交易的权重可以看作验证的难度，验证难度越高，所需工作量越大，耗费的时间自然越长。更具体地说，IOTA 的权重设计以 3 为底数，呈指数增长，即 3 的 n 次方，某一笔交易被验证的次数越多，其交易的权重越大，下一次被验证所需的时间越长。简单来看，越新的交易所耗费的验证时间越短，越靠前的交易所需验证工作量为指数倍，因此大家都会愿意找更快的途径进行验证，从而也能打消新交易得不到验证的顾虑。

IOTA 的特点主要有以下几个方面：一是地址格式、交易格式、哈希算法均采用三进制算法；二是交易结构采用缠结（tangle）形式，每个交易引用之前的两个交易，累积的交易越多，前期的交易具有的可信度就越高；三是快照技术（snapshot），快照技术可以用于减少硬盘占用，但目前还未正式启用，目前仅在每次代码大幅度改动（相当于硬分叉）时做快照（即在源代码里固化全网所有地址的币数量）；四是没有交易费，IOTA 不依赖于矿工，也不存在矿工，不需要激励，因此可以实现交易手续费为零，这也就意味着，无论是多小额的支付都能通过 IOTA 完成，零交易手续费的设计也适合未来物联网时代的数据交换；五是采用一次性签名技术，但因为每次签名都会泄露一部分私钥，且随着签名次数增加，私钥的安全性呈指数级降低，所以每个地址只能花费一次（注意，私钥不是 IOTA 钱包的种子，每一个由种子生成的地址都有独立私钥，一个种子可以生成无限数量的私钥）；六是采用类似于 hashcash 的技术，每笔交易都需要做一定的 PoW 才会被网络认可。

不过目前也有不少人认为 IOTA 存在一定的风险。因为零交易费将带来巨大的 DDoS 攻击隐患，任何人都可以在任何时刻发送大量交易来降低整个网络的效率，这在真正的物联网应用中是不可接受的。物联网的数据量是巨大的，没有人愿意无偿地去部署一个每天增加几十千兆字节甚至几百千兆字节的全节点，这会导致 IOTA 网络极度中心化。此外，一次性签名也给使用者带来了巨大的不便，每个地址只能花费一次，因此在未来 1OTA 的交易者之间不得不反复地变换收发地址。同时，每笔交易只能花一次，导致在一笔交易被网络确认前不可以发出第二笔交易，而这完全配不上 IOTA 原本宣称的无限扩展能力的说法。

值得一提的是，每一笔交易最少需要验证两笔前续交易，这是为了避免被大算力操控，但如果验证的交易笔数太多，耗费时间会过长，因此将两笔当作最低限度体现了设计者对安全和效率的兼顾。但即便如此，这种 DAG 设计的交易仍然有双花的可能。比如，IOTA 一笔交易完成后，一方可以靠算力发起攻击，通过权重更大的交易验证合法交易之前的交易，只要超过主体诚实的 DAG，随后的交易就会接在 DAG 后面进行验证生长，那么原本合法的交易就可能被赖掉。根据计算，只要得到全网 34% 的算力就可以实现双花。

IOTA 给出的方案是找一个管理员，称之为 coordinator，其实是一台服务器，由这个管理员决定交易是否合法，并通知其他节点应该验证哪些交易。因此，1OTA 暂时并非一个去中心化网络。当然，在账本安全性和去中心化两者之间，前者才是第一要务。

除了 34% 攻击，MIT 出具的一份报告还指出了 IOTA 的另一大隐患，即 IOTA 采用的加密哈希算法非常容易发生“碰撞”，也就是说，对不同的文本做哈希运算，得到的结果却是一样的，IOTA 所采用的自主研发的 curl 算法就存在这个问题，因此伪造数字签名变得可能，而这就直接影响了账本的安全。

DAG 作为一种数据存储结构，与区块链有诸多差别。它缺少共识，交易记录的可信度完全取决于有多少人相信或验证这笔交易。此外，DAG 并不能保证强一致性，其异步操作需要额外的机制来保证一致性，也就是牺牲了去中心化的特征。我们认为，DAG 完全取代区块链并不合适，但有一个场景使用 DAG 十分合适——可信时间戳，这一部分将在后文中展开讨论。

四、Algorand

Algorand 是 MIT 机械工程与计算机科学系 Silvio Micali 教授与纽约大学石溪分校陈静副教授于 2016 年提出的一个区块链协议。Micali 教授的研究领域包括密码学、零知识（zero knowledge）、伪随机数生成、安全协议（secureprotocol）和机制设计。Micali 教授 1993 年获哥德尔奖（由欧洲理论计算机学会 EATCS 与美国计算机学会基础理论专业组织 ACM SIGACT 于 1993 年共同设立，颁发给理论计算机领域杰出的学术论文著者），2004 年获密码学领域的 RSA 奖（RSA 是三位发明公钥—私钥密码系统的科学家 Rivest、Shamir 和 Adleman 的姓氏缩写），2012 年获图灵奖（由计算机协会 ACM 于 1966 年设立，颁发给对计算机事业做出重要贡献的个人，有“计算机界诺贝尔奖”之称）。因此，2018 年 2 月 Micali 教授宣布募集 400 万美元开发 Algorand 区块链协议一事受到了国内外媒体的广泛关注。

Algorand 由 algorithm（算法）和 random（随机）两个词合成，顾名思义，就是基于随机算法的公共账本（public ledger）协议。

（一）假想环境（setting）

（1）在无须准入（permissionless）和需要准入（permissioned）环境下都能正常工作，当然在需要准入的环境下能表现得更好。

（2）敌手能力很强（very adversary environments）。

①可以立刻腐蚀（corrupt）任何想要腐蚀的用户（user），前提条件是在无须准入的环境中，需要 2/3 以上的交易金额（money）来自诚实（honest）用户，而在需要准入且一人一票的环境中，需要 2/3 以上的诚实用户。

②完全控制和完美协调已腐蚀的用户。

③调度已腐蚀用户所发送的所有消息，前提条件是，诚实用户发送的消息需要在一定的时间内发送给 95% 以上的其他诚实用户，而其延迟只和消息大小有关。

（二）主要特点（main properties）

（1）计算量为最优，不论系统中存在多少用户，每 1500 个用户的计算量之和最多仅为几秒钟。

（2）一个新的区块在 10 min 内生成，并且永远不会因分叉问题而被主链抛弃，事实上 Algorand 发生分叉的概率微乎其微。

（3）没有矿工，所有有投票权的用户都有机会参与新块的产生过程。

（三）Algorand 采用的技术

（1）一种新的拜占庭共识（Byzantine agreement，BA）协议，即 BA*，这也是后文将重点介绍的协议。

（2）采用密码学抽签。BA* 协议中每一轮参与投票的用户都可以证明确实是随机选取的。

（3）种子参数。选取完全无法预测的种子参数，从而保证不被敌手所影响，上一轮的种子参数会参与下一轮投票用户的生成。

（4）秘密抽签和秘密资格。对于所有参与共识投票的用户，都是秘密地得知他们的身份。投票后他们的身份暴露，敌手即可以马上腐蚀他们，但是他们发送的消息已经无法撤回，另外在消息生成后，用于签名的一次性临时秘钥（后文会提到）会立刻被丢弃，使得敌手在该轮无法再次生成任何合法消息。

（5）用户可替换（player-replacable）。在拜占庭协议中，每个参与共识者需要投票多轮以达成共识，而在 BA* 中这并不可行，因为一旦投票后自己就暴露了，会被敌手腐蚀。配合密码学秘密抽签，用户会秘密地知道自己有且只有参与某特定时刻的投票的资格，只能在该时刻参与投票，因为接下来投票权会转移给别人，这就使敌手的腐蚀失去了意义。

（6）诚实的用户可以是懒惰的（lazy honesty）。一个用户不需要时刻在线，可以根据适当的条件在线并参与共识即可。

（四）敌手模型（the adversarial model）

（1）诚实用户和恶意用户（honest and malicious users）。诚实用户的行为完全符合预定规则，如执行相应逻辑、收发消息等，而这里的恶意是指任何违反预定规则的行为，即拜占庭错误。

（2）敌手（the adversary）。敌手是一个有效的算法，即可以在多项式时间内，可以在任何时间，使任何用户变为恶意，即腐蚀用户，并且可以完全控制和协调所有恶意用户，可以以用户名字做出任何违反规则的行为，或是简单地选择不收发任何消息。

在用户做出任何恶意行为前，没人能知道他已经被腐蚀了，而特定的行为能够暴露其已被腐蚀的事实。但是这个敌手被约束在算力和密码学的范围内，即基本不能伪造诚实用户的数字签名，无法干扰诚实节点之间的消息传送。

（3）好人掌钱（honesty majority of money，HMM）。假定一个连续的好人掌钱模型，对于一个非负整数 k 和一个实数 $h>1/2$，我们认为好人在第 $r-k$ 轮掌握的钱的比例是大于 h 的。Algorand 采用“向前看”的策略，即在第 r 轮参与投票的候选人，是从第 $r-k$ 轮选出来的，所以即使整个网络在第 $r-k$ 轮被腐蚀了，其真正掌权也需要等到第 r 轮。

（五）密码抽签

密码抽签算法用来决定谁来验证下一个 block。密码抽签按两条线索执行：

（1）选出“验证者”和“领导者”。

（2）创建并不断完善“种子”参数。

（六）选出“验证者”和“领导者”

1. 过程

（1）系统创建并不断更新一个独立参数，称为“种子”，记为 Q^{r-1}。第 r 轮的种子的参数是 256 bit 长度的字符串，输入参数是第 $r-k$ 轮结束后活跃用户的公钥集合，记为 PK^{r-k}。k 被称为回溯参数或安全参数，如 $k=1$，表示上一轮结束后的用户集合。上面两个参数属于公共知识。

（2）基于当前“种子”构建并公布一个随机算法，称为“可验证的随机函数”（verifiable random functions）。该随机算法中的一个关键参数是用户的私钥，这个私钥只有用户本人知道。

（3）每个用户使用自己的私钥对“种子”进行签名，并用函数 $SIGi()$ 来表示，接着将签名的 $SIGi$ 函数当作参数，同时对于运行系统公布的随机算法，用函数 $H()$ 来表示，得到凭证（credential），即凭证

$=H\left(SIGi\left(r,1,Q^{-1}\right)\right)$（函数$SIGi$有多个输入参数时，表示将这些参数简单串联后再进行电子签名）。

①凭证是一个近乎随机的，由 0 和 1 组成的长度为 256 bit 的字符串，并且不同用户的凭证几乎不可能相同。

②由凭证构建的二进制小数$0.H\left(SIGi\left(r,1,Q^{-1}\right)\right)$（也就是将凭证字符串写到小数点后）在 0 和 1 之间均匀分布。

（4）凭证值满足一定条件的用户就是这一轮的“验证者”（verifiers）。

①对 0 和 1 之间的一个数，$0.H\left(SIGi\left(r,1,Q^{-1}\right)\right)\leqslant p$发生的概率为$p$，称所有满足此条件的用户为“验证者”。

②保证在所有“验证者”中至少有一个是诚实的。

（5）“验证者”组装一个新区块并连同自己的凭证一起对外发出。第r轮第$s(s>1)$步的“验证者”的产生程序与上文类似。其中，在第一个子步骤中凭证值最小（按字典顺序排序）的那个“验证者”的地位比较特殊，称为“领导者”。

（6）所有“验证者”基于“领导者”组装的新区块运行拜占庭共识协议 BA*。

（7）在 BA 每次循环的每一个子步骤中，被选中的“验证者”都是不同的。这样能有效防止验证权力集中在某些用户手中，避免“敌对者”通过腐蚀这些用户来攻击区块链。

2. 特点

上述过程的特点是：

（1）“验证者”在秘密情况下获知自己被选中，但“验证者”只有公布凭证才能证明自己的“验证者”资格。尽管“敌对者”可以瞬间腐蚀身份公开的“验证者”，但不能篡改或撤回诚实验证者已经对外发出的消息。

（2）所有“验证者”公布自己的凭证并进行比较后，才能确定谁是“领导者”，也就是“领导者”可以视为由公共选举产生。

（3）随机算法的性质决定了事先很难判断谁将被选为“验证者”。因此，“验证者”的选择过程很难被操纵或预测。

（4）尽管“敌对者”有可能事先安插一些交易来影响当前公共账本，但因为“种子”参数的存在，他仍然不可能通过影响“验证者”（特别是其中的“领导者”）的选择来攻击 Algorand。

五、Conflux

Conflux 共识机制及实验数据是在比特币源代码框架下实现的。也就是说区块生成的算法沿用比特币的 PoW 机制。Conflux 的共识机制可以扩展到或者结合其他共识算法，如 PoS 等。Conflux 共识机制的实验数据说明：Conflux 共识机制的吞吐量能达到 5.78 GB/s，确认时间为 4.5 ～ 7.4 min，交易速度为 6000 TPs。Conflux 共识机制的交易速度是 GHOST 或者 Bitcoin 的 11.62 倍，是 algorand 的 3.84 倍。

（一）Conflux 框架

Conflux 共识机制是在比特币源代码基础上实现的。Conflux 的框架和比特币的矿机类似：GossipNetwork 实现 P2P 网络交互、节点维护 TxPool、生成区块（block generator）以及维护区块状态。

框架图中的虚线部分是一个节点上的细节。比特币的区块链是一条链，也就是说每个区块只有一个父区块。和比特币不同，Conflux 的区块链由"DAGState"实现，每个区块除了一个父区块外，可能还有多个引用区块。

（二）区块 DAG

Conflux 中的区块由多条边（edge）连接组成，这些边分成两类：父连接以及引用连接。在确定主链（pivot chain）的基础上，新生成的区块必须使用父连接连接到主链的最后一个区块上。除了主链外，还存在其他一些非主链的路径，新生成的区块必须使用引用连接连接这些非主链的最后一个区块。也就是说，Conflux 中的区块之间的连接关系组成有向无环图（directedacyclic graph，DAG）。Conflux 中组成 DAG 的区块会确定一条主链。在主链确定的基础上再确定所有区块的先后顺序。

Genesis 是"创世纪"块，也就是第一个块。父连接用实线箭头表示，引用连接用虚线箭头表示。区块 C 使用父连接连接到 A，使用引用连接连接到 B。新生成的区块（new block）使用父连接连接到 H，使用引用连接连接到 K。

（三）主链确定算法

要确定区块的顺序关系（block total order），必须先确定主链。主链的选择遵循 GHOST 规则。GHOST 的基本思想是选择子节点数多的节点。conflux 的 DAG 结构用如下的四元组表示：$G=(B, g, P, E)$，B是 DAG 中所有区块的集合，g是创世纪块，P是映射函数（每个区块可以通过P函数获取父区块），E 是所有区块的父连接和引用连接的集合。

最核心的步骤是确定下一个区块，依据是子区块个数或者在子区块个数相等的情况下区块哈希值大小。子区块个数多的，或者子区块个数相等但区块哈希值小的区块为主链的下一个区块。注意，子区块个数的计算不包括引用连接。

（四）区块顺序

每个主链上的区块组成一个时代（epoch）。被该区块连接到的，且没有被之前区块连接的区块属于这个时代。

$\text{Past}(G,a)$获取 DAG 中 G 主链中一个区块a之前的所有区块（包括区块a），也就是区块a之前的区块以及区块a能连接到的区块。$\text{Past}(G,a)-\text{Past}(G,a')$计算的是区块$a$所处时代中的所有区块，包括区块$a$。区块$a$所处时代的区块单独组成一个图的话，按照两个规则进行排序：①有没有连接关系；②区块哈希值大小。

（五）交易顺序及有效性

在区块确定顺序的前提下，前一个区块中的交易在后一个区块中的交易前面。同一区块的交易，按照区块中交易顺序排序。特别注意，不同节点打包的交易加入 DAG 后，可能同一个交易被不同节点打入不同区块中，也就是发生交易冲突。交易冲突包括两种情况：①交易两方的地址有一个相同。②同一交易。发生冲突的交易，第一个交易有效，后续交易都无效。

（六）安全性及确认时间

简单地说，攻击者为了修改区块的顺序，不得已要伪造足够多的子节点，也就是需要有超过诚实节点的算力。GHOST 规则证明了只要作恶节点的算力不超过50%，时间越长，要修改主链顺序的概率就越低，趋向0。用户可以选择自己能够接受的确认时间，同时给出Conflux的安全性（safety）及可持续性（liveness）证明，而感兴趣的读者可以自行参阅。

Conflux在云服务器（amazon EC2）上部署模拟节点，得出如下结论：

（1）不论是区块大小发生变化，还是区块生成时间发生变化，区块使用率都是100%。也就是只要生成区块，都能利用上，这增加了区块交易的吞吐量。比特币同一时间只有一个区块胜出，其他区块都会浪费。

（2）不论是区块变大，还是区块生成时间变长，确认时间只会稍微变长。比特币的话，区块变大，或者区块生成时间变长，分叉的可能性就变大，确认时间显著增大。

（3）Conflux具有很好的扩展性。带宽变大，区块生成的速度变快。节点变多，生成的区块也会变多。两种方式都能带来吞吐量的提升。

六、跨链技术

跨链技术的出现就是为了解决区块链中的基础需求、不同链之间的资产兑换和资产转移。所谓资产兑换，如A想用X链的币（token）兑换Y链的币（token），B想用Y链的币兑换X链的币，经系统撮合，两者互相兑换成功。资产转移则是，A想把X链的资产（币，token）转移到其他区块链上，就在X链上锁定，在新的链上重新铸造等量等值的币。

目前主流的跨链技术包括：公证人机制（notary schemes）、哈希锁定（hashlocking）、侧链/中继（sidechains/relays）和分布式私钥控制（distributed privatekey control）。

（一）公证人机制

1. 公证技术

在中心化或多重签名见证人模式中，见证人是X链的合法用户，负责监听Y链的事件和状态，进而操作X链。穷本质特点是完全不用关注所跨链的结构和共识特性等。假设X链和Y链是不能互相信任的，那就要引入X链和Y链都能够共同信任的第三方充当公证人。这样X链和Y链就可以间接地互相信任。这种公证技术的代表性方案是瑞波interledger协议，它本身不是一个账本，不用达成任何共识，只需要提供一个顶层加密托管系统“连接者”，在这个“连接者”的帮助下，不同的记账系统可以通过第三方连接器或验证器互相自由地传输货币。记账系统无须信任连接器，因为该协议采用密码算法，同时用连接器为这不同记账系统创建资金托管，当所有参与方就交易达成共识时，便可相互交易。该协议移除了交易参与者所需的信任，连接器不会丢失或窃取资金，这意味着这种交易无须得到法律合同的保护，也不需经过过多的审核，大大降低了使用的门槛。同时，只有参与其中的记账系统才可以跟踪交易，交易的详情可隐藏起来，同时验证器通过加密算法来运行，因此不会让人直接看到交易的详情。理论上，该协议可以兼容任何在线记账系统，而银行现有的记账系统只需做小小的改变就能使用该协议，从而使银行之间无须中央对手方或代理银行就可直接交易。

2. 去中心化交易所协议

0x 是一种开源的去中心交易协议，允许符合 ERC20 的币种在上面交易，目标是成为以太坊生态上各种 DApp 的共享基础设施，为区块链生态提供技术标准规范。在其技术实现过程中，引入了 Relayer 的概念。Relayer 可以理解为任何实现了 0x 协议和提供了链下订单簿服务的做市商、交易所、DApp 等，Relayer 的订单簿技术实现可以是中心化的也可以是非中心化的。Relayer 从成交交易中收取手续费获利。交易过程大致如下：

（1）Relayer 设置自身的交易服务费用规则，并对外提供订单簿服务。

（2）Maker 选定一个 Relayer 挂单创建和填充必要的订单、手续费信息，并用私钥签名。

（3）Maker 将签名后的订单提交给 Relayer。

（4）Relayer 对订单做必要的检查，并将其更新到自身的订单簿。

（5）Takers 监看到订单簿的更新，并选中成交订单。

（6）Takers 对选中的订单进行填充，并广播至区块链完成最后的成交。

路印（loopring）是 0x 的加强版，可以自动完成多环路撮合交易。

3.KyberNetwork

KyberNetwork 是一个数字资产与加密数字货币进行即时交易和兑换所用链上协议。基于 KyberNetwork 协议的链上去中心化交易所可为用户提供多种应用，包括构建各种交易 API 并提供给商家与用户。此外，用户还可以通过 KyberNetwork 的衍生品交易来减少加密货币世界中的价格波动风险。KyberNetwork 引入了储备贡献者的角色为代币储备库提供代币，引入了储备库管理者来管理运营储备库。储备管理者负责周期性设置储备库兑换率，并利用储备库为普通用户提供的兑换折价来获取利益，储备库与储备库之间是相互竞争关系，可保证为用户提供最优的兑换价格。

（二）哈希锁定

哈希锁定起源于闪电网络的 HTLC（hashed time lock contract），如今应用也较为广泛。例如，使用哈希锁定来实现 20ETH 和 1BTC 的原子交换过程：

（1）A 生成随机数 s，并计算 $h = \text{hash}(s)$，将 h 发送给 B。

（2）A 生成 HTLC，时间上限设置为 2 h，如果 2h 内 B 猜出随机数 s，则取走 1BTC，否则 A 取回 1BTC，这里 A 用 h 锁住 BTC 合约，同时 B 也有相同的 h，这样 A 和 B 都有相同的锁 h，但 A 有钥匙 s。

（3）B 在以太坊里部署智能合约，如果有谁能在 1 h 内提供一个随机数 s，让其哈希值等于 h，则可以取走智能合约中 20 ETH。

（4）A 调用 B 部署的智能合约提供正确的 s，取走 20 ETH。

（5）B 得知 s，还有 1 h 时间，B 可以从容取走 A 的 HTLC 的 1BTC。

一旦超时，交易失败，符合原子性。这里，引入了时间参数，一旦超时，当前用户可以收回自己的币，以免自己的币被恶意无限制锁定。

（三）侧链 / 中继

侧链系统可以读取主链的事件和状态，即支持简单支付验证（simplepayment verificaiton，SPV），能够验证块上 Header、Merkle tree 的信息。其本质特点是关注所跨链的结构和共识特性等。一般来说，主链不知道侧链的存在，而侧链必须要知道主链的存在；双链也不知道中继的存在，而中继必须要知道两条链。

1. 侧链（sidechains）

遵守侧链协议的区块链都可以叫作侧链，相当于锚定的意思。侧链协议是指可以让原链或主链上的 token 安全转移到侧链上进行锚定，也可以再安全地转移回主链的一种协议。每个区块链可以通过协议来实现强制执行这一共识。一个区块链系统能够理解其他区块链的共识系统，能够在获得其他区块链系统提供的锁定交易证明之后自动释放比特币。

2. 中继（relays）

BTC Relay 把以太坊当作比特币的侧链，与比特币通过以太坊的智能合约连接起来，可以使用户在以太坊上验证比特币交易。

主要原理是 BTC Relay 利用 BTC 区块头在以太坊上储存比特币区块头，构建精简 BTC 区块链，类似 SPV 钱包，而以太坊 DApp 开发者可以通过智能合约向 BTC Relay 进行 API 调用来验证比特币网络活动。

其使用场景如下：

（1）Alice 和 Bob 同意使用 BTC Swap 合约来进行交易，Alice 要买 Bob 的以太币，Bob 把他的以太币发送到 BTC Swap 合约。

（2）Alice 向 Bob 发送比特币，她希望 BTC Swap 这个合约能知道这件事以便 BTC Swap 合约可以释放 Bob 之前的以太币。

（3）Alice 通过比特币的交易信息及 BTC Swap 合约地址来调用 btcrelay.relayTx（），btcrelay 验证这笔交易，通过后就触发 BTC Swap 合约里面的 processTransaction 方法。

（4）BTC Swap 合约在被触发后确认这个 btcrelay 地址是一个合法的，然后释放之前 Bob 的以太币，交易完成。

Cosmos 是 Tendermint 团队推出的一个支持跨链交互的民构网络。Cosmos 网络中，hub（枢纽中心）是主链，zone（分区）可以理解为独立区块链，由 hub 追踪各个 zone 的状态，每一个 zone 有义务不停地把自身产出的新区块汇报给 hub，也需要同步 hub 的状态。这个过程通过 IBC（inter-blockchain communication，跨链通信）来实现。

IBC 协议定义了最主要的两个交易类型的数据包。一个数据包是 IBCBlockCommitTx。它做的事情实际上就是把发起的这条链当前最新的区块的头部信息传到目标区块链。这样，目标区块链就获得了当前最新的这个链里面的 Merkle tree root。另外一个数据包的类型就是 IBCPacketTx。其传递了跨链转代币的交易信息，而这个交易信息实际上是消息体里面包含的 payload 信息。

（四）分布式私钥控制

各种加密资产可以通过分布式私钥生成与控制技术映射到 FUSION

公有链上。多种被映射的加密资产可以在其公有链上进行自由交互。实现和解除分布式控制权管理的操作称为锁入（lock-in）和解锁（lock-out）。锁入是对所有通过密钥控制的数字资产实现分布式控制权管理和资产映射的过程。解锁是锁入的逆向操作，将数字资产的控制权交还给所有者。

早期跨链技术以瑞波和 BTC Relay 为代表，它们关注更多的是资产转移；现有跨链技术以 polkadot 和 cosmos 为代表，关注更多的是跨链基础设施；新出现的 FUSION 实现了多币种智能合约，在其上可以产生丰富的跨链金融应用。

七、隐私保护

（一）零知识证明

在区块链世界，数据的隐私保护是非常重要的。一方面，各节点的物理身份是隐藏的，取而代之的是一段地址，另一方面，我们又需要确保节点真实可靠，这样就需要我们在不知道具体细节的情况下，证明某些主张的真实性。这一类问题的解决方案就涉及零知识证明（zero-knowledge proofs）的领域。

零知识证明是一种特殊的交互式证明，其中证明者（prover）知道问题的答案，他需要向验证者（verifier）证明“他知道答案”这一事实，但是要求验证者不能获得答案的任何信息。

我们可以通过一个验证数独的例子来理解零知识证明的特点。证明者和验证者都拿到了一个数独的题目，证明者知道一个解法，他可以采取如下这种零知识证明方法：他找出 81 张纸片，每一张纸片上写上 1～9 中的一个数字，使得正好有 9 份写有从 1～9 的纸片。然后因为他知道答案，他可以把所有的纸片按照解法放在一个 9×9 的方格内，使其满足数独的题目要求。放好之后他把所有的纸片翻转，让没有字的一面朝上，这样验证者没办法看到纸片上的数字。接下来，验证者就验证数独的条件是否满足。比如，他选一列，这时证明者就把这一列的纸片收集起来，把顺序任意打乱，然后把纸片翻过来，让验证者看到 1～9 的纸片都出现了。整个过程中验证者都无法得知每张纸片的位置，但是却能验证确实是 1～9 都出现了。

零知识证明满足以下三个特性。

1. 完整性（completcness）

因为该论述是真实的，诚实的证明者（P）可以说服诚实的验证者（V）。

2. 可靠性（soundness）

如果证明者不诚实（即其实他们不知道密码），他们也无法在多次实验下欺骗验证者。即便证明者很幸运，运气也总有耗尽的一天。

3. 零知识性（zero-knowledge）

验证者在整个过程中都不能得知密码，但需要验证对方是否拥有正确密码，他相信证明者知道答案。

（二）同态加密

同态加密（homomorphic encryption）是一种加密形式，它允许人们对密文进行特定的代数运算且得到的仍然是加密的结果，而对加密所得到的结果与明文进行同样的运算结果一样。换言之，这项技术令人们可以在加密的数据中进行诸如检索、比较等操作，得出正确的结果，而在整个处理过程中无须对数据进行解密。

2009 年 9 月克雷格·金特里（Craig Gentry）的论文从数学上提出了“全同态加密”的可行方法，即可以在不解密的条件下对加密数据进行任何可以在明文上进行的运算，使这项技术获得了决定性的突破。人们正在此基础上研究更完善的实用技术，这对信息技术产业具有重大价值。

同态加密是一种具有极高潜力的隐私保护解决方案，即便缺少某些细节，我们仍然能够将整个数据集合进行有效计算。例如，个人薪酬是非常隐私的数据信息，在每一个员工都不透露薪资的情况下，我们可以让第一个人自主决定一种加密方法，如将自己的薪资数加上某个随机数，然后将结果秘密地传递给下一个人，后面的人就在数字上继续增加自己的薪资，全部完成后再将结果返回给第一个人，再由他减去只有他自己知道的随机数，即可得到所有人的薪资总额，从而算得平均工资。当然这个例子只是一个最简单的人工计算，这一原理可以应用到更为复杂的密码学加密过程中，而且数据也不仅仅是只有数字这一种，同态加密可以在数字世界中发挥很大的作用。

第四章　区块链体系架构

第一节　基本定义

在详细讨论区块链之前，为了便于准确地把握区块链的架构，在此先给出区块链的定义。由于目前在业界并没有统一的区块链定义，本文将用渐进逼近的方式来定义区块链，以求完整、准确。

定义 1：区块链。

（1）一个分布式的链接账本，每个账本就是一个“区块”。

（2）基于分布式的共识算法来决定记账者。

（3）账本内交易由密码学签名和哈希算法保证不可篡改。

（4）账本按产生时间顺序链接，当前账本含有上一个账本的哈希值，账本间的链接保证不可篡改。

（5）所有交易在账本中可追溯。

该定义中“分布式”的定义如下所述。

定义 2：分布式。

分布式是一种计算模式，指在一个网络中，各节点通过相互传送消息来通信和协调行动，以求达到一个共同目标。

在区块链中，分布式包括“完全去中心”“部分去中心”和“部分中心”3 种模式，分别对应区块链的 3 种部署模式：“公共链”“联盟链”和“私有链”。分布式意味着在区块链网络中不存在一个中心节点，该节点负责生成、修改、保管所有账本。

定义 3：完全去中心。

一种网络的架构模式，在该模式下网络没有拥有者，完全对外开放。网络中每个节点都可选择拥有相同的权限。在完全去中心的区块链网络上，所有节点都可以读写区块链数据，都可作为记账的候选节点参与共识流程，有机会参与账本的生成和记账。

定义 4：部分去中心。

一种网络的架构模式，在该模式下网络为一个联盟共同所有，网络只对联盟成员开放。网络中每个节点被赋予不同权限。在“部分去中心”的区块链网络上，节点根据所赋予权限读写区块链数据，参与共识流程以及参与账本的生成和记账。

定义 5：部分中心。

一种网络的架构模式，在该模式下网络属于一个所有者，网络只对所有者内部成员开放。网络中每个节点被赋予不同权限。在“部分中心”的区块链网络上，节点根据所有者赋予的权限读写区块链数据，参与共识流程，参与账本的生成和记账。

定义 6：架构。

架构有两个层面的含义。一个是静态层面的，主要是勾画系统边界、结构、组件以及组件之间的关联关系；另一个是动态层面，主要是规范组件的行为以及组件之间的交互协议。根据一个 IT 系统的架构，可以界定该系统的功能特性和一些非功能特性。

例如，对于 bitcoin，它的功能可以是虚拟货币的发行和流通，是支付，结算和清算，保证不可“双花”、交易不可篡改、交易可追溯；非功能特性则包括安全措施（签名、加密、隐私保护等）以及平均出块时间、每秒交易量等。

架构设计要考虑不断变化的和恒久不变的两方面。

一个有长久生命力的系统都有一个设计高明的架构，其精髓在于支持系统功能的变化、发展、演化，允许系统功能不断变化。

IT 架构的设计必须强调非功能特性，其中开放性、可扩展性、可移植性、可维护性、灵活性、安全性、性能（响应时间、吞吐率、并发数等）最为重要。比特币出现短短几年后，从中衍生出多种代币和应用，可以窥见其架构设计的安全、巧妙、灵活和可扩展性。

区块链因应用场景的不同而有不同的架构。在《区块链：新经济蓝图及导读》一书中，作者 Melanie Swan 提出一个按区块链应用范围和发展阶段来划分的概念，把区块链应用分为区块链 1.0、2.0 和 3.0。她把比特币当作区块链 1.0 的典型应用。区块链 1.0 支撑虚拟货币应用，也就是与转账、汇款和数字化支付相关的密码学货币应用。区块链 2.0 支撑智能合约应用，合约是经济、市场和金融的区块链应用的基石。区块链 2.0 应用包括股票、债券、期货、贷款、抵押、产权、智能财产和智能合约。

区块链 3.0 应用是超越货币、金融和市场的范围的去中心化应用，特别是在政府、健康、科学、文化和艺术领域的应用。

区块链也会因部署模式的不同而有不同的架构，如公共链、联盟链、私有链和侧链。多种区块链架构的出现也使得链与链之间的集成、整合成为挑战，因此互联链（interledger）的概念也应运而生。

第二节 互联链架构

一、互联链背景

虽然作为虚拟货币的比特币非常成功，但金融行业更看重的是区块链技术在支付领域中的应用前景。现在的支付系统很多是竖井型，互不连接。如果支付参与方账户同在一个支付网络或同一个账本中，支付还相对容易，但如果用户试图在不同账本体系间支付，就没有这么容易。比如，支付宝的用户想向微信支付里的账户转账，就没有这么容易。虽然账本之间存在连接，但这些连接都需要人工干预，交易的确认非常慢且昂贵。这里面碰到的首要问题就是一个信用的问题。也就是说，用户首先要信任在两个账本之间起连接作用的连接机构，相信它们不会卷款而逃。这些连接机构目前一般是大的银行或支付组织，像 Visa、万事达、银联等。这些大的机构往往要靠非常高的成本来建立信用。

比特币的出现，特别是其不依赖中心化机构而解决双花问题，以及以极小的成本使用户在陌生网络中建立信用，使得大家意识到传统的中心化支付系统需要重新构建。

从某种意义上来说，目前支付的状况有些类似在互联网出现之前的状况。互联网出现之前，不同系统之间没办法用标准的协议来通信、传递信息，而互联网的出现解决了这个问题。互联网的架构，简单说来就是通过层次架构，在不同链路、不同物理层上的系统间实现应用层面的互联互通。

从区块链的发展来说，目前已经出现比特币、以太坊、NXT 等多种链，未来还会出现更多不同的区块链。不同区块链之间的互联互通，需要由一个类似互联网概念的“互联链”的架构和协议来实现。我们先给出互联链的定义如下所述。

定义 7：互联链（Interchain）。

提供实现不同区块链互联互通的统一架构和标准协议。

互联链概念还是一个全新的概念，目前还没有被业界普遍接受，因此相关的架构设计和标准化工作也没有开始。互联链相关的一个类似概念——“互联账本”（Interledger）则由初创公司 Ripple Labs 提出。从某种意义上说，互联账本包含了互联链。也就是说，互联账本不单包含了在以区块链为基础的账本之间的互联互通，也包含了多种账本（传统账本、区块链账本）之间的百联瓦通。

二、互联账本

2012 年，分布式账本初创公司的 Ripple Labs 提出了一种与比特币不同的共识机制的分布式账本，并创造了自己代币瑞波币（XRP）。2015 年，Ripple 提出一个互联账本（interledger）的协议，其目标是提供不同账本间转账的通用协议，无论这些账本是分布式的，还是那些传统的中心化账本，如果用于基于区块链的账本，那就是提供互联链的一个参考架构模型和协议。

首先我们来看一下 Ripple 对账本系统的定义。

定义 8：账本（ledger）。

资金转账系统需要记录在保持状态的系统中，以防止同一笔资金被双花。这种保持状态的系统为账本（ledger）。账本包含账户（account），账户有资产余额，余额可以为正，也可以为负。

定义 9：连接器（connectors）。

资产可以在同一账本中的账户间转账，也可以在两个不同账本中的账户间转账。如果在两个不同的账本间转账，需要有一个系统知道这两个转账交易的关系，这个系统就是连接器。

三、互联账本协议组

整个协议层分成 4 层。下面简单介绍这 4 层的功能。

（一）账本层

为了支持账户间的转账，账本必须实现一些 API 和协议，称为账本层（ledger layer）。这一层会有很多不同的协议，每种账本会对应一种协议，这包括专门设计的支持跨账本支付的简单账本协议（SLP），区块链中的比特币、以太坊等协议，以及传统的支付协议，像 ACH、ISO 20022、Paypal 等。

1. 简单账本协议

简单账本协议（simple ledger protocol，SLP）是专门开发来提供一个跨账本支持的最基本功能的一个 RESTful，且基于 JSONS 的协议。

2. 区块链协议

区块链是为一个单一共享状态提供共识的分布式的点对点（peer-to-peer）系统，任何支持托管资金转账的区块链系统理论上来说都可以作为一个账本与互联账本连接。例如，比特币支持多贷方和借方，以及 SHA256 哈希锁资金托管，这意味着它能进行 OTP / ILP 和 UTP / ILP 的互联账本交易。

3. 传统支付协议

传统协议一般不提供托管功能。在这种情况下，这些协议就用作协议升级，或者是用一个具高信用机构，如银行，作为托管提供方。

4. 专有钱包协议

有很多专有的钱包协议（如 Paypal API、微信、支付宝、Apple、Google），包括网页版和移动版，这些钱包协议一般需要加上密码托管功能才能和互联账本对接。

5. 其他专有协议

有些专有协议专门设计成不提供通用账本的功能，如积分卡、点数和预付费账户等。这些可以有限制地连接到互联账本上。例如，预付费账户账本可以作为资金接收账本，但不能作为资金发送账本或资金中介账本。

（二）互联账本层

互联账协议（interledger protocol，ILP）保证不同的连接器能互操作，共同完成交易的路由。所有的互联账本传输都使用 ILP 和连接器通信，发送有关传输的请求，这包括报价请求和在另一个账本转账的需求。互联账本层协议定义一个使用账本、账户和金额的标准，用于交易路由，并使得报价有统一的口径。

1. 互联账本协议

当用户发起一个互联账本协议，发送方要用本地的账本层协议把资金发送到一个连接器。在这个过程中，发送方要发送一个告诉接收的连接器最终地址、转账资金额以及转账条件的 ILP 包。一般来说，还要附加一个备忘信息。具体的传输方法取决于本地账本协议。

2. 互联账本报价协议（interledger quoing protocol，ILQP）

在互联网账本转账发生前，发送方要发一个报价请求给连接在同一账本的连接器，这个报价请求是通过互联账本报价协议发送的。发送方可以缓存报价请求，并多次发送给同一连接器。

3. 互联账本控制协议

互联账本控制协议（interledger control protocol，ILCP）是一个连接器，用来交换路由信息和报告支付错误信息的协议。

（三）传输层

传输层（transport layer）协议负责协调不同的转账交易，使它们能进行跨账本转账交易。转账的安全性取决于所采用不同传输协议。传输层为应用提供端到端的传输服务。目前有 3 种主要传输层协议。

1. 乐观传输协议

乐观传输协议（optimistic transport protocol，OTP）是一个没有托管的轻量级的传输协议，它只是简单地把资金传送给连接器。连接器可能会，也可能不会继续向对方账本发起转账请求，但无论如何资金已离开资金发送方的账户。大多数情况下，OTP 是不适合的，但在一些重复多次发生的微小金额交易中，资金丢失损失也不是很大的情况下，用 OTP 是合理的。因此它只适合于微支付场景，这些场景下效率会比稳定性更重要。

2. 通用传输协议

通用传输协议（universal transport protocol，UTP）是一个推荐采用的标准传输协议，它建立级联式托管传输来保障资金交付。UTP 用一个有托管的转账来保证在交易成功完成之前，资金不离开发送者的账户，它适合于任何金额的转账，应该作为缺省选择。

资金的托管必须支持采用密码学手段的托管。有托管的交易意味着有 4 种状态。

（1）提议状态：资金没有发生转移。

（2）准备状态：资金在托管状态。

（3）执行状态：资金转账完成。

（4）拒绝状态：资金转账被取消（资金返回给发送方）。

托管相当于金融领域里的“两阶段提交”（Two-phase commit）。

3. 原子传输协议

原子传输协议（atomic transport protocol，ATP）是最保守的协议，也是最复杂的互联账本协议。除了账本和连接器，它还包括一组独立的，被交易过程中所涉及的发送方、接收方和连接器认可的公证机构。由于每个参与方选择他们相信的一组公证机构，没有共同认可的工作机构，ATP 就不能使用了。一般来说，可以基于一个所有参与方遵从的协议，采用一个自动化的流程来选择公证机构，或预先选好一组大家公认的公证机构。

ATP 用托管转账和一组预先协定的、可信任的公证来保证在多个账本中原子交易的完整性。这种协议的设立比较昂贵，但可以用来减少对对账的需求。

ATP 可以用于 UTP 交易中的一个子协议。当对方连接器给出一个比 UTP 传输更好的 ATP 传输报价时，连接器可采用建立一个 ATP 传输作为下一段的传输，但这存在不能传输收据和公证机构故障的风险。

同样，在对方连接器不支持 ATP 传输的情况下，连接器可以决定用 UTP 作为下一段传输，这样一个 ATP 传输可以变成一个 UTP 传输，这也存在不能把收据发送给公证机构的风险。

（四）应用层

应用层（application layer）是互联账本协议的最高一层。应用协议层包括开放 Web 支付机制（OWPS）、简单支付建立协议（SPSP）和私有协议。这一层的协议负责谈判支付的以下关键属性：①源账户；②目标账户；③金额；④条件。

当这些属性定下来之后，应用层协议就会调用传输层协议发起支付。

1. 简单支付建立协议

简单支付建立协议（simple payment setup protocol，SPSP）是一个应

用层协议，用于支付细节的谈判。SPSP处理账户和金额发现、条件建立、报价和设置。SPSP 采用 Webfinger 并基于 HTTP 的协议来查询账户和金额细节。它采用 ILQP 做报价，采用 UTP 执行支付。

2. 定义其他应用层协议

其他方面的应用层协议应考虑以下问题：

（1）账户发现。

（2）沟通金额和支付条件。

（3）在备忘信息里的更多的详细信息。

（4）支持的或必须具备的条件类型。

（5）传输协议。

（6）接收支付交易的验证（金额、条件等）。

通过互联账本协议，用户可在不同账本、不同支付网络中实现资金自动转账，交易的确认和验证时间可以大大缩短，而且更重要的是不必担心有资金丢失的风险。

四、互联账本各层协议关系

互联账本架构中，各层关系类似互联网的各层协议，每层只与相邻层作交互，不会跨层通信。支付由应用层发起，应用层调用传输层接口，传输层再调用互联账本层的接口，最后互联账本层通过调用账本层接口把包含目的地址连接器的支付请求发到账本层的连接器，账本层的连接器根据目的地址将支付请求发到对方账本的连接器，实现支付请求的发起。目的账本的连接器在接收到支付请求后，通过调用上层的互联账本层接口，把请求转到传输层，进而再转发到应用层，这样接收方就会接收到请求。支付的响应也通过相同的路径返回给支付发起方，实现支付功能。

互联账本协议还处于非常初级的概念模型阶段，离实际应用还有很大的一段距离。相信在互联账本方面的实践经验积累，会为未来互联链的架构和标准协议的制定提供一个参考。

第五章　区块链与人工智能数字经济发展

第一节　数字经济的内涵

对于数字经济，学术界及产业界并没有形成统一的表述，我们通常可以将其理解为以使用数字化的知识和信息作为关键生产要素、以现代信息网络作为重要载体、以信息通信技术的有效使用作为效率提升和经济结构优化的重要推动力的一系列经济活动。数字经济作为一种人类经济活动的新形态，反映了数字资源或资料生产、交换、转移、分配和消费的过程。

数字经济有以下三个关键点：

（1）数据成为继土地、劳动力和技术之后新的生产要素。

（2）数据活动是为了服务于人类经济社会发展而进行的信息生成、采集、编码、存储、传输、搜索、处理、使用等一切行为。

（3）数据活动具有社会属性、媒体属性和经济属性。

尽管各种术语的表述角度不同，但内涵大致相同，即数字经济具有数字化、网络化、智能化、开源化的特征。特别是区块链、大数据和人工智能技术的出现，使数字经济的这些特征更加明显。

区块链、人工智能等技术的诞生，使数字经济的内涵更加丰富。区块链与人工智能技术背后依赖一整套算法，正是这一整套算法体系构建了人类数字经济活动的基础。

在数字经济时代，如果说人工智能技术可以提高生产力，区块链可以改善生产关系，算法则是数字经济发展的方法论。区块链和人工智能技术是人类向数字化社会迁徙和进行数字经济活动的工具，前者保证数据资料的质量、安全和产权，为人工智能建模提供数据资料，后者能够在经济活动中取代大量人工，提高生产力，两者共同推动数字经济发展。

数字经济是人类社会继农业经济、工业经济之后的又一个新的发展阶段，它是人类在从物理世界向数字世界迁移的过程中形成的新经济形态。

第一，数字经济正在成为或已经成为引领科技革命和产业革命的核心力量。数字经济不仅在生产资料层面实现了包括生产要素、产品、服务形态等的数字化，而且在生产力层面推动了生产工具的数字化和智能化，更在生产关系层面推动了资源共享化、协作规模化、组织多中心化或弱中心化等。

第二，数字经济有助于推动人类社会发展方式和生活方式的变革、生产力提升以及生产关系的重构。数字经济正在成为全球新一轮产业变革的核心力量。数字经济时代，数据成为最重要的生产要素，可促进人工智能、区块链等新一代信息技术与社会经济各个领域的深度融合，为形成新产业、新业态和新模式提供了催化剂。

第三，数字经济有助于全社会实现数字资源的共创、共治和共享。人工智能、区块链等新一代信息技术的高速发展，极大地减少了数字经济活动中信息和价值流动的障碍，有助于提高社会经济运行效率和全要素生产率，提高供需匹配效率，实现社会资源最优化配置。

第二节　算法驱动的数字经济的新特征

区块链、人工智能等新兴技术由一系列算法构成。例如，区块链技术涉及共识算法、非对称加密算法、同态加密算法、零知识证明算法等；人工智能涉及神经网络算法、深度学习算法等。可以说，基于区块链和人工智能等技术驱动的数字经济，实质上是算法驱动的数字经济。这种以数据为载体、以算法为驱动的数字经济活动，相对于传统经济活动表现出了以下新特征。

一、自组织

区块链技术的重要意义不仅来自技术创新层面，而且来自对现有商业组织架构和社会协作模式的冲击，甚至是颠覆层面。区块链技术构建了可信的网络环境，在没有中心化机构或组织介入的情况下，有助于实现人与人之间大规模的社会协作。在这种思维的主导下，“自组织”的概念被提及并不断被区块链行业认识。我们可以认为，自组织是市场经济活动中除了政府这只有形之手和市场这只无形之手以外的第三方力量。

自组织能够在没有中心化控制机构，甚至是没有公司主导的情况下自发开展活动，实现市场资源的有效配置。

实际上，“自组织”不是新词语，也不是新理论。1790 年，伊曼努尔·康德（Immanuel Kant）首次在《判断力批判》中提出了“自组织”一词。他认为，自组织事物的各部分是因其他部分的作用而存在的，又是为了其他部分和整体而存在的，各部分交互作用产生了整体。1983 年，协同学创始人哈肯（H.Haken）以形象的例子解释了组织和自组织的内涵。他说：“一群工人，如果每个工人按照工头的命令完成任务，就是组织；如果没有外部命令，而是靠相互默契完成工作，则是自组织。”

自组织是一种极为普通的自然和社会现象，发生在物理、化学、生物、机器人学和认知系统中。例如，在物理领域中，液体的热对流、晶体生长；在化学领域中，分子自集、振荡反应；在生物领域中，昆虫（蜜蜂、蚂蚁等）和哺乳动物社会性的形成，以及鱼和鸟的集群现象。这种现象在凯文·凯利（Kevin Kelly）的《失控》一书中有着生动的描述与分析。以蜂群效应为例。每只蜜蜂对蜂群前进的方向没有主导和控制，蜂群中也没有发号施令者。然而，蜂群个体之间通过沟通和小范围的协作能够实现统一行动，展现出超越个体的智慧和协调性。其他动物的集群现象也是如此，没有一个中心指挥者和外部指令，每个动物个体基于基本的感知、行动能力，利用简单的行为规则和局部交互协作，完成诸如迁徙、觅食、筑巢、御敌等团队活动，在群体层面形成有序、协作、分布式的自组织行为。例如，成群游动的鱼、集体飞行的鸟等都是自组织行为的表现。

自组织现象在社会和自然中无处不在，引发了学者对自组织理论的探索。自组织理论研究来源于 20 世纪 50 年代热力学学者对分子活动的观测。热力学家伊利亚·普里高津（Ilya Prigogine）认为，系统应对外界环境的变化时，与外界进行物质能量交换，并在系统内在机制的作用下，使系统从无序走向有序，并远离平衡态，最终达到开放系统的状态，这一演化过程被称为系统的自组织过程。在经济领域，经济学家研究了经济活动中的自组织。2008 年的金融危机让人们认识到，经济活动中除了政府这只有形的手和市场这只无形的手以外，还存在第三种经济治理力量，即自组织。美国印第安纳大学教授埃莉诺·奥斯特罗姆（Elinor

Ostrom）因为研究自组织在公共领域的应用而获得了 2009 年诺贝尔经济学奖。她针对类似“公地悲剧”（每一个个体都企求扩大自身可使用的资源，最终就会因公共资源有限而引发冲突，损害所有人的利益）问题总结出了政府与市场之外的第三条道路，即公共资源的共享者们可通过自组织的形式有效地自主治理。

自组织在自然界和社会形态中是一种有效的个体组织方式。凯文·凯利在《失控》一书中描述了自然界分布式系统的主要特点，具体包括以下方面：

（1）没有强制性的中心控制。

（2）次级单位具有自治的特质。

（3）次级单位之间彼此高度连接。

（4）点对点之间的影响通过网络形成了非线性因果关系。

（5）自然界自组织的共同目标是生存。

社会经济中，基于协作和信任关系的社会自组织具有以下特点：

（1）存在共同的目标。

（2）存在一定的规则和管理约束。

（3）自组织内部个体具有相互信任和联结的关系。

根据自然界和社会经济活动中自组织的特点，我们可以总结出自组织的一般特征，包括共同的目标和准则等。

基于区块链网络的组织是一种新型的自组织形态。

第一，区块链网络能够打破物理空间和地域人口的限制，将具有共同目标和兴趣的群体或社群聚集起来。

第二，区块链作为信任机器能够构建可信网络，建立跨主体的信任关系，使组织内部的大规模协作成为可能。

第三，区块链的共识机制和激励机制能够形成一套透明、便捷的正反馈机制，使组织内部个体广泛参与制定规则和执行规则，在更广阔的时空范围内进行民主的共同治理活动。

第四，区块链的分布式点对点网络构建了这种自组织的交流媒介，相对于传统交流媒介有着更高的透明度和信任度。其中，通证是对价值实现、分配、流动的具体量化，并成为自组织价值观的最终载体。

在区块链出现之前，自组织在跨主权、跨经济主体的全球性公共经济事务中，如全球气候变暖、水污染治理、反恐等方面发挥了积极作用。在未来的数字经济中，基于区块链的自组织有可能实现从最初的几百人团体协作到成千上万人的社团组织协作，再到全球范围内上亿人的大规模协作。例如，开源项目的代码检测。通过全球分布式协作的方式，任何有能力的计算机程序员可以针对区块链项目检测代码漏洞，并将收益按贡献分配。未来，基于区块链的自组织在治理权力和激励机制的基础上，有助于保证组织内个体的有效参与和公平性，激发个体创造的积极性，建立自下而上的权力逻辑，促使人类社会协作方式进化。

二、边际成本趋于零

边际成本是一个经济学的概念，它是厂商每增加一单位产量所需要付出的成本。与边际成本易混淆的概念是平均成本，即单位产品所分摊的成本。通常而言，成本分为固定成本和可变成本。固定成本一般是指在一定时期和一定业务量范围内不随业务量变化而变化的成本，如购买机器的成本。可变成本一般是指随业务量变化而变化的成本，如人工或原材料等。边际成本与平均成本的区别在于，边际成本通常包括可变成本，而不考虑固定成本。传统厂商进行产品生产的过程中，随着产品生产规模的扩大，边际成本通常会呈现先减后增的变化趋势。换言之，当实际产量未达到一定限度时，边际成本随产量的扩大而递减（规模经济效益）；当产量超过一定限度时，边际成本随产量的扩大而递增。传统经济理论认为，边际成本不可能趋于零，这是因为生产要素的投入需要有一个最佳比例。

《零边际成本社会》中指出，随着移动互联网、能源互联网和交通互联网真正做到三网合一，太阳能、风能等可再生能源广泛且低成本使用后，边际成本会趋于零。然而，里夫金理解的零边际成本社会并不意味着所有产品的边际成本都为零，他提出零边际成本社会其实隐含了诸多难以达到的假设。首先，商品的供给需要先进的技术，可以实现大规模批量化的生产或极低成本的复制，否则难以实现零边际成本。例如，对于定制化、个性化的手工艺品来说，大规模的生产、复制是较难达到的。其次，以原子为基础的物质产品都是稀缺的，其边际成本也难以为零。然而，对于数字世界的数字产品、交易服务而言，上述问题都迎刃而解了。基于算法驱动数字产品、交易和服务，可以实现大规模生产供给或无限复制，而且边际成本几乎为零。以区块链的智能合约服务为例，除了智能合约的固定开发成本和运营成本投入以外，为一个人提供服务和为一万个人提供服务的交易成本几乎不变，单位增加的成本趋于零，即边际成本趋于零。可见，因为算法本身的可复制性和可重用性，算法一旦运行起来，则交易成本几乎为零。因此，在算法驱动下的数字化经济世界中，边际成本趋于零是可以实现的。

三、共治和共享

共治和共享是指数字经济活动中具有共同兴趣或目标的社群，以自组织为表现形式，基于大规模协作的方式聚集在一起共同参与社群活动治理，并根据贡献程度共同享有和分配劳动成果。共治和共享反映了人们在区块链驱动的数字世界的商业活动中的协作方式，以及劳动成果的分配方式。

从动物到人类活动，协作无所不在。例如，蚂蚁协作搬运食物，黑猩猩在丛林中协作捕猎，平原上的某人类种族共同协作抵御外族的入侵，等等。从表面上看，这几者之间并无不同，只不过是参与协作活动主体的数量有多寡。但是，尤瓦尔·赫拉利（Yuval Noah Harari）在其著作《人类简史》中认为，人类正是通过各种方式组织几千人甚至几万人的力量，发展了大规模的协作能力，才最终成为这个星球的主宰。互联网革命到来后，人类协作活动进一步打破了空间的界限和羁绊，使跨空间的大规模协作变得易于实现。例如，Linux 操作系统通过公开源代码，让全世界的计算机天才、黑客和工程师通过网络都能够参与 Linux 系统源代码的开发和完善，Linux 操作系统也成了当前极为成功的开源系统。Linux 系统的开源促进了开源软件浪潮的到来，人类通过大规模协作共同参与到开源软件的开发中来。此外，维基百科基于开放、平等、共享和全球化运作的原则，吸引了全球几千万人参与，整个网站的总编辑次数已超过 10 亿次，形成了 200 多种独立运作的语言版本，最终成为全球规模最大、最流行的百科全书。

互联网革命使信息在全球范围内自由流动，让人类基于数字产品和服务进行大规模协作成为可能。区块链通过共识机制、激励机制和密码学技术解决了经济活动的可信任和组织激励问题，有可能使人类大规模协作更加普遍和深入，甚至颠覆传统的组织结构，促进陌生人之间、自由人之间的共同治理和协作。

以企业这一传统组织为例。企业的诞生是近几百年以来的事情，它是社会生产力发展到一定水平的结果，是商品生产与交换的产物。最早的企业形态是个人企业、家族作坊式企业或合伙企业。在工业革命以前，社会经济环境变幻莫测，人们为了谋生，在参与商业活动或谋生过程中通常抱团取暖，由此形成了作坊或合伙企业。这些企业的成员构成通常有些特点，如成员之间都有血缘关系，是家族兄弟姐妹、父子等。实际上，他们能够抱团取暖并自由组合的关键在于他们能够知己知彼，具有“自然信任”，即在企业成立之前，他们存在较强的信任关系。基于这种“自然信任”，他们才敢于共同创办企业，共同协作，共担风险，荣辱与共。但是，随着企业规模越来越大，分工越来越细，人员越来越多，“自然信任”也无法解决企业经营和生产中出现的问题。公司制由此诞生，便于人们通过“制度信任”解决“自然信任”不足的问题。

股份有限公司源于 17 世纪英国、荷兰等国家设立的殖民公司，如著名的英国东印度公司等。通过法律约定，这些殖民公司使小资本汇聚成大资本，同时分散每个投资者的风险，以方便英国、荷兰等国家更好地开发殖民地，从而掠夺全球的资源。公司制以制度的形式弥补了“自然信任”导致的信任不足，解决了陌生人合作的问题。首先，公司制发明了“法人财产权”，使公司财产和个人财产的界定得到明晰，任何人不能将公司的财产带回家。其次，公司制发明了“有限责任”，即公司负债经营出了问题，股东承担有限责任。也就是说，股东仅以其入股的数额为限，对公司破产后所负的一切债务承担责任。最后，公司制发明了“公司治理结构和机制”。无论谁治理公司，必须有公司章程，必须有股东会、董事会、经理层等。公司决策不能由所有人决定，也不能由某一个人决定。区块链技术实现了可信的网络环境，有助于陌生人之间的大规模协作。区块链带来的协作方式的变革，极有可能对企业这一传统的组织结构带来冲击和颠覆。

1937 年，科斯在《企业的性质》中指出，企业的存在是为了降低市场交易费用，即用费用较低的企业内交易代替费用较高的市场交易。在以数据和算法为基础的数字经济活动场景中，算法本身的可复制性和可重用性可以推进规模经济和范围经济，进一步使边际成本趋于零。同时，区块链构建了可信的商业环境，极大地降低了市场上商业活动的沟通、交流和讨价还价成本，使陌生人协作或“自由人之间的自由联合”比企业的交易成本费用更低，甚至趋于零。因此，自由人联合构成的社群可能取代企业组织，社群共治可能取代企业层级治理。

区块链技术衍生出来的通证是一种集合了物权属性、货币属性和股权属性的加密数字凭证。在区块链生态系统内，通证既能被用于支付和流通，又能成为社群成员拥有某种数字资产的权益性证明。此外，密码学中的公私钥加密机制使通证具有较高的安全性。因此，通证是未来数字资产可能的载体之一。基于通证的激励机制能够鼓励社群组织中每一个参与者参与协作，同时通过共识机制保证公平性和透明性，最终根据参与者贡献的不同来共同分享权利和成果。区块链 + 通证机制有助于实现社群的共治和共享。

四、网络效应

网络的本质是由节点和连接构成的一种模型。无论是物理网络，还是人际关系网络，都是对真实世界中诸如电信网、广播电视网及互联网等物理网络和电子邮件、电子商务等虚拟网络的抽象。网络效应来源于网络中发生的一种现象或效应，即“网络中的消费者通过购买某产品或服务，他所获得的效用取决于使用相同产品或服务的其他用户的数量”。梅特卡夫法则表明，网络的价值以用户数量的平方速度增长。

网络可以分为以下三类。

（一）直接网络

直接网络即市场中的用户使用水平兼容的产品，并以某种方式直接连接在一起形成的网络。例如，微信形成的社交网络。

（二）间接网络

间接网络即用户在垂直兼容的产品市场中购买互补产品，从而形成的网络。例如，硬件和配套软件市场形成的网络。

（三）双边网络

双边网络即市场中某种产品或服务的供给方和需求方形成的网络。

例如，淘宝的卖家和买家。

这三种网络主要形成了两种网络效应，分别是同边网络效应（直接网络）和跨边网络效应（间接网络和双边网络）。同边网络效应是指在同一网络中，用户规模的增长会影响到其他用户使用该产品或服务的效应。例如，在微信构建的社交网络中，如果使用微信的人数非常少，则每个人可以交流沟通的对象很少；如果用户规模非常大，则每个人可以交流沟通的对象就很多，获取的价值也越多。双边网络效应是指供给端（需求端）的规模增长影响需求端（供给端）所获得的效应。例如，在淘宝网络中，买家越多，吸引到的卖家自然就会越多，反之亦然。滴滴所在的租车市场也是如此。租车市场的本质是双边市场，乘客的用户价值取决于司机的多少（司机越多，乘客等待的时间可能越短），司机的价值取决于乘客的多少（乘客越多，司机的空驶就越少）。

网络效应的作用机理表现为，技术或产品的创新吸引一部分勇于尝试的企业或消费者进入网络市场，在社交网络的辐射作用下形成潮流效应，进而吸引市场上那些追求流行或对新技术、新商业机会较敏感的人群进入该网络市场。随着进入该网络市场的人越来越多，当用户数量达到网络效应的临界点时，更多的潜在用户加速进入该网络市场，形成规模效应、羊群效应，进而导致用户数量的爆炸式增长。随着用户数量的上升，形成规模经济效益，网络平台边际成本进一步降低，可以 提供更多的产品和服务，并使用户的转移成本（转移到其他网络的成本）增高，最终导致“赢者通吃”或“寡头垄断”。

区块链驱动数字经济下的网络效应会非常普遍。以钱包为例，未来世界的物理资产理论上都可被映射为数字资产，区块链驱动的价值互联网要求数字资产所代表的价值流动起来。价值流动需要有两个要素：一是钱包，二是区块链网络。钱包可以存储数字资产。通过区块链网络，钱包之间可以实现数字资产的交换。很显然，如果钱包数量少，数字资产只能实现少数钱包用户的交换和流通。只有当钱包数量大规模增长时，以数字资产为代表的价值才能实现更广泛的流动。区块链网络中的双边网络效应也非常明显，DApp 的供给和消费形成双边市场，双方的价值互相依赖于对方的规模。

五、数据产权明晰

产权是经济所有制关系的法律表现形式，包括财产的所有权、占有权、支配权、使用权、收益权和处置权。著名诺贝尔经济学家科斯认为，经济活动中产权不清晰导致市场交易费用过高，从而使资源配置不再是最优化。产权制度是促进产权关系有效组合、调节和保护的制度安排，通过规则使人们承认、尊重并合理行使产权，如果违背或侵犯它，就要受到相应的制约或制裁。产权制度最主要的功能在于降低交易费用，提高资源配置效率。当前，社会主义市场经济的发展和完善依赖于现代产权制度。建立归属清晰、权责明确、保护严格、流转顺畅的现代产权制度有助于现代市场经济的有序发展。

在人类从物理世界向数字世界迁移的过程中，数据也成了一种独立的客观存在，成为数字世界的基本要素，以及数字经济活动的重要生产资料。数据资产成为互联网企业实现价值的起点，特别是对个人属性数据和行为数据的收集、整理、挖掘、分析，以及基于数据进行的大数据营销、大数据风控、智能投顾等，成为互联网公司扩大服务规模、提高公司估值和营收的重要方式及手段。可以说，数据成了互联网公司最大的财富。但是，这些数据的产权并未得到明晰。Facebook、阿里巴巴、腾讯等获得了海量的用户数据，公司市值节节攀升，享受到了巨大的资本市场红利，而贡献了自己数据的所有者并未分享到这一红利。此外，数据交易市场混乱也是数据产权不明晰导致的后果。例如，企业收集用户数据，并对隐私数据进行脱敏处理。实际上，通过有些手段对多维数据进行建模，也能够还原或推测出用户的隐私信息。这种情况是禁止，还是不禁止？再如，企业收集用户数据，对数据进行加工并在大数据市场交易，收益归企业所有。这也引起了一些争议：一方面，交易并未得到用户允许，用户的个人数据为何能够被拿到市场买卖？另一方面，数据是用户的，为何用户不能得到收益？法律上如何判定收益的划分？经济规则应该如何确定？目前的窘境都是数据产权不明晰导致的。

2007 年，我国颁布了《中华人民共和国物权法》，在法律上明确了物权的概念。在数字经济时代，数据的所有权、知情权、采集权、保存权、使用权、受益权及隐私权等成了每个公民的新权益。除了个人数据，机器所产生数据的产权也将会得到明确。

明确数据的权属关系是数字经济发展的基础支撑和保障。目前，我国的数据交易还较为粗放，停留在数据收集和原始数据买卖阶段，深度挖掘、分析能力不足，而且算法和模型等市场还处于起步阶段，数据和信息服务的便捷化、高效化、产业化、智能化水平有待提高。由于数据的可复制性、价值不确定、价值衍生性等不同于传统物品的特性，数据收集、存储、使用、流转、消灭等各个阶段会产生多种权属关系。数字经济的特点是多向、动态，而不是单边、固定。如果不能明确数据的权属关系，就无法疏通让数据有序流动的渠道，不能为新业态、新模式提供可靠的权利保障，进而影响数字经济的发展。

只有在数据产权明晰和区块链技术的保驾护航下，数据隐私才能真正得到有效的保护，非法数据交易才能得到遏制，数字资产等价值的流动才会变得更加有效和透明，数字经济活动的资源配置才会更加高效。数权、人权、物权将会构成人类未来生活的三种基本权利，而数据产权明晰是推动数字经济规则建立的重要力量。未来数字经济时代，一方面，法律手段对数据产权予以明晰；另一方面，区块链技术保证了数据的安全可靠和授权访问。

第三节　数字经济下的区块链与人工智能

一、数据成为数字经济的生产资料

生产资料是劳动者进行生产时所需要使用的资源或工具，一般包括土地、厂房、机器设备、工具及原料等。它是生产过程中劳动资料和劳动对象的总和，也是任何社会进行物质生产所必备的物质条件。蒸汽技术革命时期，煤炭是主要生产资料；电气技术革命时期，石油和电是主要生产资料；随着互联网和大数据时代的到来，数据变成了重要的生产资料。

在互联网、大数据、区块链、人工智能等技术的发展过程中，技术新概念是从未间断的，但万变不离其宗，这些技术本质上都是信息技术。信息技术构建了人类数字化的生活方式，从衣食住行到工作环境和商业活动，包括社交网络、电子商务、虚拟现实游戏等。所有人类在物理世界的行为活动被映射到数字世界，都是被数字化的过程。经过这个过程，行为活动最终被刻画成数据并存储在数据库中。

麦肯锡认为，“数据，作为一种重要的生产要素，已经全面渗透到现代社会每种行业和业务职能领域。人们对于海量数据的分析、挖掘和应用，预示着生产率增长和消费者盈余新浪潮的到来。”数据从经济分析的假设条件中脱离出来，作为数字经济时代最重要的生产资料之一参与到价值创造的过程中，这是一个缓慢的由量变到质变的过程。数据不同于其他生产要素，自身呈现出非实体化、分散化、多样化、规模化、时效化等特征。离散的静态数据本身并没有太多价值，只有通过有效的手段提炼、分析，才能够让大数据点石成金。数字经济活动中，真正有价值的是数据提炼、挖掘和分析，而不是数据本身。

数字经济活动中，可以进一步将生产资料划分为数据、信息和知识。数据对客观事物的数量、属性、位置及其相互关系进行抽象表示，以使其适合用人工或自然的方式进行保存、传递和处理。数据通常包括个人属性数据、个人行为数据、聊天记录、网页内容、打电话记录、论坛评论、网络消费数据、社会关系、行程记录以及机器产生的各类指标等；信息是具有时效性的、有一定含义和逻辑的、经过加工处理的、对决策有价值的数据流。例如，北京、天气、暴雨、闷热、时间等是数据，“今天北京下暴雨，非常闷热”是信息。用归纳、演绎、比较、解读等手段对信息进行挖掘，使其有价值的部分沉淀下来，并与已存在的人类知识体系相结合，则这部分有价值的信息就转变成了知识。例如，有人将“某日北京下暴雨导致交通拥堵，下水道堵塞”等信息结合自己的思考，写出了一篇名为《对北京暴雨灾害的管理反思》的文章。那么，这篇文章可以被认为是知识，而且具有版权。

简单地说，数字社会中，数据包括简单的数字、文字、图像等；信息是经过加工后的数据，是一种有背景的数据，有价值的数据；知识是经过提炼、推理和解读后形成的有规律和经验的信息，如电子书籍、原创音乐、电影等。在人类向数字世界迁徙的过程中，数据、信息和知识共同组成了生产资料，成为数字经济活动的“物质”基础。

二、人工智能提升生产力

人工智能是描述计算机模拟智能行为的科学，它需要使智能机器和计算机程序表现出人的行为特征，包括知识、推理、常识、学习和决策，并根据人类智能的方式进行学习和解决问题。技术创新与变革通常能够带来生产力的发展，正如互联网帮人类打破空间限制，实现了千里眼、顺风耳。人工智能也将掀起新的生产力变革，提升生产效率。

人工智能会为人们提供帮助，让人们更高效地完成各类工作任务。例如，关于人工智能客服，人工智能技术能够完成最初的问题归类工作，而且它不会彻底取代呼叫中心的人类员工，只能减少呼叫者的等待时间并解决大部分常见的问题。微软“机器人”小冰通过微博等平台担任实习面试官，自行对微软（亚洲）互联网工程院人工智能组招募的实习生进行面试。在十几小时里，小冰完成面试初筛 12000 多人，其中超过 3500 人通过面试，进入下一步人事流程。除了小冰变身面试官之外，许多“机器”都开始服务人类。甚至在一些生活或工作场景下，一些“机器”已经能够取代人类。这表明目前的人工智能相关技术已经发展到可以使机器代替人类完成某些工作并做出某些决策的阶段了。美联社执行总编辑卢费雷拉在公司博客中表示，每个季度记者花费时间和资源生产约 300 份盈利报告，采用自动化的技术可以在相同的时间周期内产生 4400 份简短的盈利报告（150 ～ 300 字）。

实际上，未来所有简单重复的脑力劳动都将被人工智能取代。不仅是电话客服人员等对脑力要求不高的普通岗位，就连诸如放贷员、证券交易员等看似高端的岗位在未来都有可能被人工智能取代。在翻译和速记领域，谷歌、阿里巴巴、百度也正在将人工智能技术应用于实时翻译。低级从业者将面临人工智能的极大竞争。微软推出了演讲实时翻译字幕功能，可以对演讲者播放的幻灯片中的字幕进行实时翻译。虽然高深的文学翻译暂时难以被取代，但是普通翻译人员和速记员的职业面临威胁。

当人工智能发展到一定阶段、机器具有一定智能之后，在面对同样任务时，机器势必会比人类完成得更加出色。这一方面是因为机器天然具有优于人类的计算能力，另一方面是机器在处理任务和作决策时不会受情感所影响。人工智能为人类提供了智能化的工具，这些工具能够提高生产效率，并促使人类开发出更多更好的工具以满足自身的数字经济活动。由于人工智能将提高生产力和产品价值并推动消费增长，因而零售业、金融服务和医疗保健将是最大的受益行业。到 2030 年，随着人工智能驱动消费大幅上升，产品性能得到进一步的完善，消费需求与行为随之转变，人工智能的发展将带动全球 GDP 增长 14%，其中逾一半来自生产力的提升。人工智能的出现和发展不是要颠覆人类，而是帮助人类提高生产力和生产效率，促进数字社会经济的发展和进步。

第四节　区块链与人工智能深度融合及相互赋能

人工智能应用包含三个关键点，一是数据，二是算法，三是计算能力。人工智能与区块链两者融合，可以在这三点上相互赋能，如表 5–1 所示。在数据层面，区块链技术在一定程度上能够保证数据可信，并在保护数据隐私的情况下实现数据共享，为人工智能建模和应用提供高质量的数据，从而提高模型的精度。在算法层面，一方面，区块链的智能合约本质上是一段实现了某种算法的代码，人工智能技术植入其中可以使其更加智能；另一方面，区块链可以保证人工智能引擎的模型和结果不被篡改，降低模型遭到人为攻击的风险。在计算能力层面，基于区块链的人工智能可以实现去中心化的智能联合建模，为用户提供弹性的计算能力，满足其计算需求。

表5–1　区块链与人工智能融合的层次

	区块链	人工智能	融合
数据	（1）一定程度上保证数据可信 （2）保护数据隐私	（1）需要高质量的数据进行建模 （2）需要不同数据主体的多维数据，以便得到完整的数据拼图	区块链为人工智能提供可信数据，保证数据共享安全
算法	（1）智能合约并不智能 （2）智能合约缺乏一定的灵活性	人工智能有助于建立复杂的智能合约代码	人工智能技术有助于区块链实现更加智能的智能合约
计算能力	（1）去中心化分布式结构 （2）防篡改	（1）中心化算力成本高 （2）代码漏洞容易遭到入侵	在保证一定安全性的前提下，区块链分布式结构为人工智能提供分布式的算力

一、数据质量与数据共享

可靠的、高质量的数据是人工智能技术应用的重要基础。然而，当前用于人工智能技术建模的数据收集和运用存在以下四个问题。

（一）数据不可信

人工智能和大数据技术的发展促进了大数据交易市场的火爆，很多从事人工智能行业的互联网公司由于自身缺乏数据收集渠道而转向从数据交易市场中的数据公司购买。实际上，市场上很多所谓大数据公司的数据来自数据黑市，数据的真实性和可信度都大打折扣。例如，有些数据过期失效，数据贩子对同一份过期数据稍加修改后反复售卖。数据贩子甚至通过制造虚假数据获取利润，这些“脏数据”往往只有 30% 是真实的，而 70% 是充量的假数据。

（二）数据涉嫌非法

一部分数据贩子通过所谓内部渠道，即企业内部人员与外部人员勾结，以及其他关系掌握数据资源，其本身没有数据加工能力，而是通过直接售卖裸数据赚取差价。在贩卖的数据中，有些数据可能是涉嫌违法的个人隐私数据。

（三）数据质量不高

实际上，很多数据的实时性较低，数据标注质量不高，等等。在人工智能应用中，包括图像识别、语音识别、动作识别、自动驾驶等领域都需要对数据进行精准标注。高质量的标注数据，决定了人工智能建模的效率。

（四）数据难以共享

当前，数据产业仍处于垂直分割状态，数据的持有者、开发者、使用者相对分离，数据难以流动和共享，无法最大限度地利用数据为人工智能企业发展提供动能。即使不同企业或组织之间有意愿进行数据共享，也因为涉及用户数据隐私安全问题和数据共享中的利益分配问题而退却。

区块链以其可信任性、安全性和难以篡改性，能够在保证数据可信、数据质量、数据隐私安全的前提下充分实现数据共享和数据计算，为人工智能应用在数据质量和共享层面提供有力的支持。

首先，区块链的难以篡改和可追溯性使数据从采集、交易、流通到计算分析的每一步记录都可以留存在区块链上，任何人都不能在区块链网络中随意篡改数据、修改数据和制造虚假数据。因此，数据的可信性和质量得到了一定程度的信用背书。相应地，人工智能可以进行高质量的建模，用户也能获得更好的体验。

其次，基于同态加密、零知识证明、差分隐私等技术实现多方数据共享中的数据隐私安全保护，使多方数据所有者在不透露数据细节的前提下进行数据协同计算。例如，IBM Watson Health（健康医疗项目）基于区块链技术研发一种安全、高效、可扩展的医疗数据交易方式，实现患者隐私数据的共享，包括电子病历、临床实验、基因数据，以及移动设备、可穿戴设备和物联网设备中包含的医疗数据，以便 IBM 公司通过分析大量的个人医疗数据进行建模，从而推动基于人工智能技术的相关医疗诊断应用的落地。

最后，基于区块链的激励机制和共识机制，极大地拓展了数据获取的来源渠道。在区块链密码学技术保证隐私安全的前提下，基于预先约定的规则向全球范围内所有参与区块链网络的参与者收集需要的数据。对于不符合预先规则的无效数据，通过共识机制予以排除。参与者授权使用的有效数据以哈希码的形式记录在区块链上，个人通过公私钥技术拥有数据的控制权；对于授权提供数据的参与者，提供通证等形式的激励。

总之，区块链能够进一步规范数据的使用，精细化授权范围，有助于突破“信息孤岛”，在保护数据隐私的前提下实现安全可靠的数据共享。人工智能基于可信和高质量的数据进行计算和建模，极大地提升了区块链数据的价值和使用空间。

二、区块链智能合约与人工智能

智能合约的概念最早在 1994 年由学者尼克·萨博（Nick Szabo）提出，最初被定义为一套数字形式的承诺，包括确保合约参与方执行这些承诺的协议。其设计初衷是希望通过将智能合约内置到物理实体来创造各种灵活可控的智能资产。区块链技术的出现重新定义了智能合约，并将智能合约的内涵进一步延伸并具体化。当前的智能合约一般是具有状态、由事件驱动、遵守一定协议标准，并运行在区块链上的程序。它能够在一定触发条件下，以事件或事务的方式，按代码规则处理和操作区块链数据，并由此控制和管理区块链网络的数字资产。作为一种嵌入式的程序化合约，它可以内置在任何区块链数据、交易、有形或无形资产中，形成可编程控制的软件定义的系统、市场和资产。

我们可以看到，区块链智能合约的本质是代码，和其他编程语言并没有什么不同。智能合约的代码可以自动处理区块链网络中不同节点之间的交易，如为传统金融资产的发行、交易和管理提供了自动化的工具。在数字票据的生命周期中，票据的开立、流转、贴现、转贴现、再贴现、回购等一系列业务类型、交易规则和监管合规，都可以通过智能合约编程的方式实现。此外，智能合约也能够应用于社会系统的合同管理、监管执法等事务中。

当然，智能合约只是一个事务处理模块和状态机构成的系统，它的存在只是为了让一组复杂的、带有触发条件的数字化承诺能够按照参与者的意志正确地执行。此外，智能合约在法律上并不具备约束力，在功能上也并不智能。在商业活动真正需要实际签署合约的场景下，智能合约在实践和理论上无法实现它名字所赋予的功能。智能合约代码本身也缺乏真实合同的基本要素，如条款、条件、争议解决等。智能合约在具有真正法律约束力方面还有很长的路要走。不仅如此，智能合约的代码也是僵化的，一成不变的，在实际应用中缺乏必要的灵活性。实际上，它只包含了基于不同输入而反馈的一系列复杂结果。当前的智能合约并不智能，它的处理是确定性的。如果说它智能的话，仅仅体现在提供有效的自动化履约以及降低人为错误和潜在的争议风险方面。

人工智能为区块链中相对粗糙的智能合约技术带来了福音，并有助于实现合约智能化。人工智能结合区块链智能合约，将从以下三个层面重塑全新的区块链技术应用能力。

第一，人工智能结合智能合约，可量化处理特定领域的问题，使智能合约具有一定的预测分析能力。例如，在保险反欺诈应用中，基于人工智能建模技术构建风控模型，通过运营商的电话号码不同排列的数据组合进行反欺诈预测，并依据智能合约的规则进行相应的处理。基于人工智能的智能合约能够处理人脑无法预见的金融风险，在信用评级和风险定价方面比人脑更具有优势。

第二，人工智能的介入让其拥有仿生思维性进化的能力。就智能合约本身而言，通过人工智能引擎，在图形界面的模板和向导程序的指引下，能够将用户输入转化为复杂的智能合约代码，即生成符合用户和商业场景的“智能协议”。

第三，人工智能不断地通过学习和应用实践形成公共化的算力。

当然，人工智能与智能合约的深度结合还需跨过法律和技术两重难关。尽管一些相对简单的合约通常可以将履约自动化，但更加复杂的合约可能还需要人的介入来解决争议。

三、去中心化的智能计算

人工智能技术通过引擎构建模型并在区块链上运行，使区块链的智能合约更加智能。在算力层面，人工智能通常基于个人自建或传统云计算平台进行模型计算训练。随着数据量的增大和计算复杂度的提升，对传统中心化的云计算平台和服务器的计算能力的要求也越来越高，对企业的成本投入也在不断攀升，这主要是因为高性能计算机或服务带来了更高的硬件采购和维护成本。尽管互联网企业已经使用廉价的 PC 作为云平台的服务器，但电力消耗依然巨大。共享经济的到来，为降低能源消耗和提高资源利用效率提供了极佳的解决思路。全球范围内大多数普通计算机的算力都处于闲置状态，如果能够把这部分算力利用起来，就可以极大地降低人工智能建模的成本，提高资源利用效率。

区块链是分布式网络，能够实现算力的去中心化。因此，区块链有助于构建去中心化的人工智能算力设施基础平台，也有助于传统的不断提高设备性能以提高算力的思路发生转变。在算力层面，基于区块链技术，可以在成千上万个分布于世界各地的节点上运行人工智能神经网络模型，利用全球节点的闲置计算资源进行计算，实现去中心化的智能计算。此外，通过区块链智能合约可以根据用户所需的计算量对网络计算节点进行动态调整，从而提供弹性的计算能力以满足用户的计算需求。

第五节　智能化数字经济趋势

一、分布式商业

分布式商业是以多方参与、共享资源、智能协同、价值整合、模式透明等为主要特征，提倡专业分工和价值连接，通过预先设定透明的价值交换或合作规则，使分工及集群后的新商业模式产生强大的力量。随着分布式技术的成熟，分布式商业逐渐兴起。

一方面，以分布式架构为基础的云计算技术已经得到了广泛的应用，为海量用户提供了具备云端化、移动化、场景化等特点的产品与服务，区块链技术、分布式账本技术及其相关的分布式一致性算法等也走上了历史舞台，成为前沿科技的核心代表。为了推行共享与透明规则，以开源为主要特征的分布式技术就要发挥最大优势，多参与者对等合作与共同发展的商业模式需要建立多中心、去中介的思维模式和技术架构。

另一方面，具备多方参与、专业分工、对等合作、规则透明、价值共享、智能协同等特征的新一代分布式商业模式的兴起与涌现，是社会结构、商业模式、技术架构演进的综合体现。区块链的信任机制促进了多个参与方对透明和可信规则及客观信息技术的信任。典型的分布式商业案例已经在衣食住行领域出现，工信部于 2016 年 10 月发布的《中国区块链技术和应用发展白皮书（2016）》列举了一些相对成熟的应用场景，如金融、供应链、文化娱乐、智能制造、社会公益、教育就业等。

目前，分布式商业应用已逐渐落地。例如，微众银行携手上海华瑞银行基于 BCOS 原型共同上线试运行了国内首个基于区块链的“微粒贷”联合贷款备付金管理及对账平台，长沙银行、洛阳银行等亦相继接入使用。目前，该平台记录的真实交易数已达数百万量级。

二、可编程经济

目前，互联网迅速发展，云计算、大数据、移动交流、社交网络、物联网、区块链等技术相互作用，创造出了业务交易、人机交易、机机交易的互动方式，正从根本上改变商业的业务模式。全球最具权威的 IT 研究与顾问咨询公司高德纳提出了“可编程经济”的概念，将其定义为嵌入智能基因的新经济系统，能自主支持和管理商品服务的生成、生产及消费，并支持多种价值在不同场景下的匿名、加密交换。

“可编程经济”是产品和商业模式的可编程和数字化，特别是区块链带来的智能合约技术将商业活动规则以代码形式写入区块链并自动化执行。“可编程经济”的客户体验的是通过工业、商业、金融业等产业深度融合而成的生态系统提供的服务。

三、产业价值互联网

互联网的出现使信息传播手段实现了飞跃。信息可以不经过第三方、点对点实现在全球范围的高效流动。信息与价值往往密不可分。在人类社会中，价值传递的重要性也与信息传播不相上下。区块链的诞生助力人类构建传输产业价值的互联网。区块链可解决信任问题，而且其作为新的记账方式，能够创造新的交易模式。在分布式共享账本上有多个节点，由去中心化的多方共同维护，建立统一的共识机制保障。任何互相不了解的人之间，可以借助这个公开透明的数据库背书的信任关系，完成端到端的记账、数据传输、认证以及合同执行。如果区块链运用到位，用户无须自己建立或维系任何第三方中介机构，就能实现自由支付。

在区块链技术的背景下，产业价值互联网将使人们在网上像传递信息一样方便、快捷、低成本地传递价值。这些价值可以表现为资金、资产或其他形式。产业价值互联网的商业模式能够通过传统企业与互联网的融合，寻求全新的管理与服务模式，为消费者提供更好的服务体验，创造出更高价值的产业形态。在数字时代，无论个体还是企业都要适应时代的变化，促进资产数字化，并通过互联协作来扩大数字化资产的使用，增加营收。产业价值互联网是通过在研发、生产、交易、流通和融资等各个环节的网络渗透提升效率、优化资源配置，同时也能够传递价值。

第六章　区块链与人工智能技术的融合

第一节　基于区块链的人工智能体系框架

目前，随着区块链和人工智能两大技术的飞速发展，越来越多的人开始将两者相提并论，探讨区块链与人工智能融合发展的可能性。那么，区块链与人工智能结合是否可行？又具备哪些优势呢？

首先，对区块链和人工智能技术的研究及应用均以大量真实数据为基础。作为一个分布式数据库，区块链需要保证网络中多个节点共享真实的交易记录，形成冗余备份，进而保证链上数据的完整性和一致性。人工智能算法的研发也需要大量真实的培训数据集，采集的数据越多，则人工智能算法的结果越准确。

其次，区块链技术能够帮助人工智能应用更好地完善数据的收集、存储和处理。

第一，在数据的收集方面，人工智能技术的发展依赖于大量数据。谷歌、脸书（Facebook）、亚马逊等公司能够采集到大量的数据，但目前数据交易市场还不够发达，导致诸多中小人工智能企业较难获取数据，这是中小企业难以扩大业务规模的关键。

区块链旨在通过引入点对点连接的方式来解决这个问题。它是一个开放的分布式注册表，因此网络上的每个人都可以访问数据。这将为许多中小人工智能企业解决数据寡头垄断导致的缺乏算法训练数据问题。同时，区块链数据的难以篡改性也保证了数据的真实性。

第二，在数据的存储和处理方面，利用区块链分布式的数据存储方式能够将目前中心化数据存储和运算的模式改进为去中心化的模式，因而有助于利用分布式的算力对数据进行处理，加快人工智能算法训练。

第三，在人工智能算法的标准和共享方面，目前行业中的各企业均有自给自足的一套人工智能算法，难以实现不同应用的互通。首先，利用区块链的价值链特性可以解决算法的有偿共享问题，避免知识产权被侵犯；其次，企业将 AI 服务（数据和算法代码）封装成为 API 接口，可以放在区块链上供其他企业有偿调用，由区块链负责对相应的数据和算法进行登记和加密，因此可以帮助人工智能市场变得更开放，使行业内企业能够方便地合作。

最后，人工智能将使区块链更加自治和智能化。人工智能算法的引入能够改进区块链的共识机制，能帮助人类作判断，如实现投票的智能化、PoW 算力智能化。除此之外，引入人工智能还可以改进区块链智能合约，使区块链更加智能化。

如果说人工智能是一种生产力，它能提高生产的效率，使人类更快、更有效地获得更多的财富，那么区块链就是一种生产关系。人工智能和区块链能够基于双方各自的优势实现互补。

区块链融合人工智能的应用，以数据、算法和算力为基础。首先，鉴于区块链的价值和难以篡改的特性，可在数据层进行数据加密、定价、评估和交易等功能，构筑可信数据。其次，依据可信数据，智能算法层可实现人工智能算法的拆解、调用和通用智能算法的共享，而据此又可将大型人工智能算法的开发拆解成多个小任务给不同节点，集区块链中众多节点的个体智能实现群体智能，并共享通用算法，避免各节点进行重复开发工作。最后，在可信数据和优质算法的基础上完成人工智能和区块链的融合应用。在这个过程中，区块链算力共享有助于解决人工智能产业面临的算力不足的问题，挖矿算力智能优化旨在通过研发算法解决挖矿耗时耗算力的问题，而智能合约则是引入人工智能，进一步提高区块链的工作效率。

接下来，本文从可信数据层、分布式算力层和智能算法层对框架做进一步阐述。

一、可信数据层

人工智能算法训练需要收集大量优质的数据，但目前行业内数据流通发展差距较大，导致算法的优化还远未达到其上限。

从数据开放的角度来看，目前全国有多家较大的数据交易平台，但真正的交易量很小，交易方式主要是点对点的线下撮合交易。人工智能应用需要融合多源数据，根据不同场景的需求做出相应的产品，但目前的数据流通市场较小，严重制约了人工智能产业的发展。同时，企业的现有数据源还存在以下问题。

（一）数据标准不一，质量良莠不齐

从小数据时代开始，不同来源的数据在形式上较结构化。而在大数据时代，由于数据源千差万别，采集的数据无论在格式还是质量上都存在很大的差别。同时，大量原始数据存在缺漏和错误之处，混杂着大量无效和无价值的数据，甚至是造假数据，必须进行数据清洗，否则无法使用。

（二）数据隐私泄露和数据滥用

数据安全是保障数据权属的核心。数据未经生产主体许可而被采集并使用，甚至流入数据黑市，会造成用户安全、企业安全甚至国家安全等方面的连锁反应。但是，目前数据被私自采集和滥用的现象十分普遍。人工智能算法应用此类数据，一方面会导致数据主体隐私泄露；另一方面会导致企业无法识别数据生产源，进而无法判断数据的真实性和正确性。

（三）数据价值无法确定和衡量

数据已经被广泛认为是一种资产，具有无形资产的属性。但是，对数据定价还没有较成熟的方法。在多数情况下，定价的依据有两个：一是根据数据使用的效率量化各方数据对人工智能算法训练的贡献度；二是根据数据的稀缺性，即根据数据价值的密度进行定价。还有不少学者从博弈论等角度对数据的价值进行评估，但都不能很好地解决数据价值量化的问题。

从整体来看，人工智能应用在数据层缺乏可信数据，无法保证数据来源真实可靠，而且整个产业受到了数据定价和交易问题的限制。

应用区块链技术可以很好地解决上述数据层存在的难题。

第一，区块链能够提供数据的追溯路径，有效地破解数据的真实性问题。通过对数据进行注册和认证，区块链能够确认训练数据资产的来源、所有权、使用权和流通路径，让交易记录透明、可追溯和被全网认可。链上数据相关操作可追溯，使数据作为资产在流通时更有保证，有助于数据资产化。

第二，区块链能够通过制定数据标准，并通过共识机制改善算法训练数据的质量。区块链对数据进行注册和认证时有明确的格式要求，从而能够明确该链数据的语意和度量衡，一方面能够统一单条链的数据标准，另一方面在多源数据进行融合时能够实现快速清洗。

进一步讲，区块链的溯源机制可以改善数据的可信度，让数据获得信誉。多方可检测同一数据源，甚至通过给予评价来表明它们对数据有效性的评价。区块链使人工智能框架中数据层的质量获得强信任背书，也保证了人工智能决策的正确性。

第三，区块链能够通过多种加密技术保证数据层的安全和隐私。数据安全是数据流通的基础。借助 PKI 技术，可以先将数据存储在区块链上，并使用数据接受者的公钥对其进行加密。数据接受者可使用私钥对链上数据进行解密，以此确保数据安全流通。

第四，区块链技术能够明确数据交易历史和各方共识，能够助力解决数据定价问题。区块链的可追溯性和难以篡改性可以明确产业数据的使用和交易历史，有助于衡量各方数据源的贡献，从而设计出更灵活的数据定价模型。例如，将一次定价变为多次定价，根据一定时期内数据所发挥的价值，按周期为各方贡献“分红”。

另外，由于数据的多源和复杂性，传统数据交易平台无法对数据的价值进行科学度量，只能采用对数据打包的方式进行销售。这一方面影响了数据的质量，另一方面降低了数据的价值。由于区块链本身带有传输价值，具有支付功能，因此基于区块链的数据层可以很方便地实现数据交换和支付。

综上所述，基于中心化的数据流通模式，各节点有条件、有能力复制和保存所有流通数据。这对数据生产者不公平，也导致了人工智能培训数据的不可信。基于去中心化的区块链数据层能够破除上述问题带来的潜在威胁，有利于建立可信数据层，为算法的训练打下良好的基础。

二、分布式算力层

目前，算力成本是人工智能行业的一大痛点，人工智能企业的硬件投入非常大。人工智能对计算的需求非常高，因此对高性能计算定制深度学习芯片的要求很高，而这意味着很多企业要花很多钱买算力、建很多计算中心，造成了很大的资源浪费。目前提高人工智能算力的途径只有购买机器和租用机器两种，而这两种途径本质上是算力的购买和租用，为此需要付出相当高的费用。

区块链的出现能够有效地解决当前人工智能企业在算力方面所具有的问题，以降低企业的运行成本。以迅雷的区块链技术为例，用户通过迅雷玩客云设备，可以分享带宽、存储和计算能力等闲置资源。虽然每个设备的算力很小，但是当设备的数量达到一定的基数时，其累计起来的算力也是巨大的。未来，如果将这种通过区块链技术共享算力的方式运用到人工智能之中，对人工智能企业来说，将能解决巨大的算力成本问题。反过来看，人工智能也能够优化区块链能耗，提升挖矿效率，通过数据分区来提高区块链的可扩展性。

三、智能算法层

在人工智能算法的研发和共享方面，区块链能够发挥基础信息设施的作用，一方面将链上各节点的智能汇聚为群体智能，另一方面共享个体智能，避免链上节点消耗算力解决重复问题。

（一）个体智能转变为群体智能

目前的人工智能更多是代表智能的个体，能够通过自身的持续学习能力智能地完成单点决策。

智能个体做出决策时，需要获取尽可能多的相关实时数据作为参考。如果没有足够的实时数据或数据不够实，那么这种人工智能也只能是有限智能。因此，人工智能需要从个体智能走向群体智能。

分布式节点的群体智能决策是形成群体智能的基础。只有形成智能群体决策，才能够让智能个体享受到群体经验的结晶，从而不断进行个体及群体的良性迭代。区块链将会成为群体智能决策的基础设施，而智能合约、机器投票等机制将会驱动分散智能节点之间的协同协作，并且成为机器经验形成和记录的载体，从而帮助人工智能实现从个体智能到群体智能的转变。

具体地说，区块链能够引入一定的奖励机制，激励所有个人和机构提供私人和专业数据。因为这些数据会通过去中心化的安全计算方式安全、私密地存储起来，所以人们会更愿意分享花销、健康信息等隐私数据。时间一长，这些市场就会积累大量高质量的数据。基于这些数据，再以物质奖励刺激机器学习专家开发算法模型来竞争，那么性能最好的算法模型将会获得更高比例的收益。此时，区块链中的人工智能算法将会是若干个体智能算法中的最优，也就是群体智能的体现。

（二）共享智能算法

目前，人工智能龙头企业，如谷歌、百度和阿里巴巴等企业各自开发了人工智能的学习框架、应用，并构建了生态。从行业的角度来看，各企业重复地研究人工智能通用算法框架是一件浪费行业生产力的事情，而且不同生态之间没有交互。在这一点上，区块链技术能够助力人工智能算法的共享，并通过提供一个基于共识的、分布式虚拟的AIaaS云基础设施，借助区块链经济系统，调用全球AI／机器人技术力量，建成世界人工智能。各种区块链可以通过跨链互操作技术访问调用世界人工智能。

区块链共享智能算法不仅有助于解决不同生态之间的跨平台算法调用问题，还有助于中小企业在大企业人工智能API的基础上开展二次开发，减少行业壁垒。

第二节　基于区块链的人工智能建模

一、分布式数据标注

数据标注是监督学习算法建模的关键步骤，是监督学习算法的先验经验。通俗地讲，数据标注有助于机器识别事物。数据标注有许多类型，如分类、画框、注释、标记等。数据标注的步骤则包括标注标准的确定、标注形式的确定和标注工具的确定。

数据标注工作的准确与否，决定了机器能否获得正确的知识，进而影响智能决策的有效性。目前，多数企业采用人工数据标注的方式来处理算法训练数据，通过抽样二次标注判断数据标注的准确率。数据标注人员的个人知识往往存在一定的局限，而且不同的人对同一事物的标注可能存在不同的看法，因此现有的数据标注工作在一定程度上限制了算法向更“聪明”的方向发展。

我们可以考虑利用区块链的共识机制实现分布式标注，即由多个节点对同一数据进行标注，选出标注最准确的节点并给予一定的奖励，这样就可以提高数据标注的准确率。

二、分布式计算和建模

人工智能应用属于数据密集型计算，需要巨大的分布式计算能力。人工智能实现较大的飞跃表现为大规模并行处理器的出现，特别是 GPU，它是具有数千个内核的大规模并行处理单元，有助于提升现有人工智能算法的速度。

然而，并不是所有的人工智能算法都能够便捷地实现分布式计算。例如，多数深度学习算法框架可扩展到一台服务器上的多个 GPU，但不能延伸至多台带 GPU 的服务器。直到 2017 年，才有公司突破了深度学习的分布式计算技术。可以看出，在区块链上开发出分布式计算框架是实现基于区块链的分布式人工智能计算的关键。

目前，Hadoop 的 MapReduce 是分布式计算技术的代表，它具有节点管理、任务调度的功能，通过添加服务器节点扩展系统的算力。目前，除了批处理计算框架之外，分布式计算还有流处理、图计算、实时计算、交互查询等计算框架。目前，国内外已有多家机构正在基于上述计算框架开发应用于区块链的分布式计算算法。

从分布式建模来看，人工智能算法模型可以在区块链上共享，由众多节点共同优化模型。考虑到区块链具有数字签名技术，同时能够还原交易链，算法共享方不需要担心知识产权问题。

将区块链引入人工智能生态，能够从以下几个方面贡献价值。

（一）区块链为人工智能获取算力的基础设施

人工智能开发人员在构建、训练和部署模型或应用程序时，需要有获取分布式计算资源的渠道。

Cortex 区块链允许用户以智能合同的形式出价，获取链上分布式的和受信任的算力，进而运行人工智能算法。

深脑链（deepbrain chain）使用一个以区块链为基础的“加密货币”挖掘环境，为人工智能开发人员的社区提供了一个专用的计算代理平台，使用“货币”的令牌（一个“deepbrain币”）来投标计算资源并赚取这些资源。

（二）区块链为人工智能训练数据交易平台

海洋协议（ocean protocol）正在使用区块链建立一个数据交换平台，用于交易各行业的人工智能算法训练数据。IoTeXhas则构建了一个用于共享物联网数据的区块链。

（三）区块链为个体转变为群体智能的中枢

由奇点网络（singularity net）实现的区块链支持对人工智能算法开发任务进行智能分工，将子任务交给链上节点，最终将子任务汇总实现群体智能。

第三节　基于自学习的智能合约

一、自学习

学习方法可以分为两大类：一类是有导师监督对优良方案加以强化的学习，这时要按预设的指标来评估品质并指导系统的改进；另一类则是无导师监督的学习，这时需要用试探、搜索等办法来探索改进的途径。由于人工神经网络、演化计算等高速并行处理技术的发展，无监督学习方法已得到成功的应用。

谷歌的AlphaGo是一个典型的自学习系统。在AlphaGo的开发初期，开发人员将海量围棋专业选手的对局输入AlphaGo，并设计一定的指标判断围棋某一步骤的正确性。此时，AlphaGo就是有监督的自学习程序。随后，谷歌开发出了AlphaGo Zero，这是一款无监督的自学习训练程序。通常只需告知围棋的规则，AlphaGo Zero即可进行自学习。起初，AlphaGo程序只是随意地将棋子放到棋盘上，随后慢慢发现了对战的规律和取胜的技巧，经过不断地学习和推演，从而越来越擅长围棋。

二、自学习的智能合约编程

可编程经济作为一种基于自动化、数学算法的全新经济模式，可把交易中的执行过程写入自动化的可编程语言，进而通过代码强制运行预先植入的指令，保证交易的自动性和完整性。这会带来前所未有的技术创新，在执行层面大大提高交易系统的自学习能力，同时降低交易的监督成本，在减少造假、打击腐败和简化供应链交易等机会主义行为方面均有巨大的应用场景，是未来新经济的发展方向。

区块链的智能合约就是典型的可编程技术，不但可以自动实现预先设定好的运作模式，还可以结合区块链难以篡改、安全可靠的特点在经济生活中发挥巨大的作用。区块链可优化交易的组织形式，有效促进经济运行效率的提升。当前，区块链智能合约尚未与人工智能相结合。引入人工智能技术，能够让合约具有仿生思维性进化能力，而且利用其自学习的能力，甚至可能促使在区块链上运行的自治实体出现，如分布式自治组织、分布式自治公司，这是人类追求经济效率可能形成的新组织体。结合区块链交易成本低和信任机制强的特点，自学习的区块链将提高经济管理效率，完善管理方式。也许，区块链最终会带领人们构建更加公正、有序和安全的自治组织。

第四节　区块链和人工智能融合创新的典型项目

这里介绍三个区块链和人工智能技术融合的典型项目。其中，奇点网络能够实现人工智能算法的拆解和调用，Matrix Al Network 能够将共识算法智能化，海洋协议则能够实现区块链数据的定价、评估和交易等功能。

一、奇点网络

如今，每家企业都在不同程度上对人工智能有需求。但是，当下的人工智能产品很少能满足企业的需求。而且，开发个性化的人工智能产品又有很高的技术壁垒和资金壁垒。即使可以雇用开发人员打造人工智能产品科技巨头，也很难聘请足够多的人工智能专家来满足全部需求。例如，我们现在所熟知的科大讯飞主攻语音智能、旷视科技擅长图像和人脸识别、大疆科技主打无人机、百度潜心研制无人驾驶，它们都只能专注于人工智能的一个领域和一个方向，而无法做到全面。但人工智能是一个系统，视觉、听觉系统只是这个系统中的一个子系统，要想真正迎接智能时代，就必须打破各个系统之间的界限，实现相互调用。

奇点网络项目致力于建立一个去中心化的人工智能算法和数据共享网络，最终构建通用化的人工智能服务交易市场。在这个市场中，开发人员的研究成果都被通证化，并且通过智能合约可以自由地进行交换、分享，从而获得经济收益。同时，参与其中的用户也可以通过 API 接口与外部供需方进行资源交换。奇点网络希望通过该网络解决目前人工智能行业数据资源及模型算法垄断、缺乏新鲜血液的痛点，给予人工智能初创企业及开发者更好的生存环境，最终实现全球的通用智能。

例如，目前有一个任务需求方计划研发机器人跳舞的算法，则任务需求方可以通过奇点网络发出请求；奇点网络经过分析将该算法拆解为语音识别、图像识别和跳舞动作训练等算法，然后将相应的算法开发请求传播至区块链中各节点；具备开发上述算法能力的节点对此予以回应，并将成果传递至任务需求方，同时从任务需求方获得通证酬劳。为了培养市场活力，奇点网络计划在运营的前期不收费。

从严格意义上说，奇点网络还不能被认为是一个自治组织，因为奇点网络基金会负责该网络的监管。但是，随着网络的完善，奇点网络最终会具备自治的能力。

奇点网络项目于 2017 年 6 月发起，2017—2018 年将着重于基础设施及 AI 工具开发，尤其关于语言图像处理、生物医学分析、金融等方面。整个系统结构包括基础设施、AI 工具都将趋于完善，奇点网络 1.0 版本正式开始运行。其运作模式如图 6-1 所示。

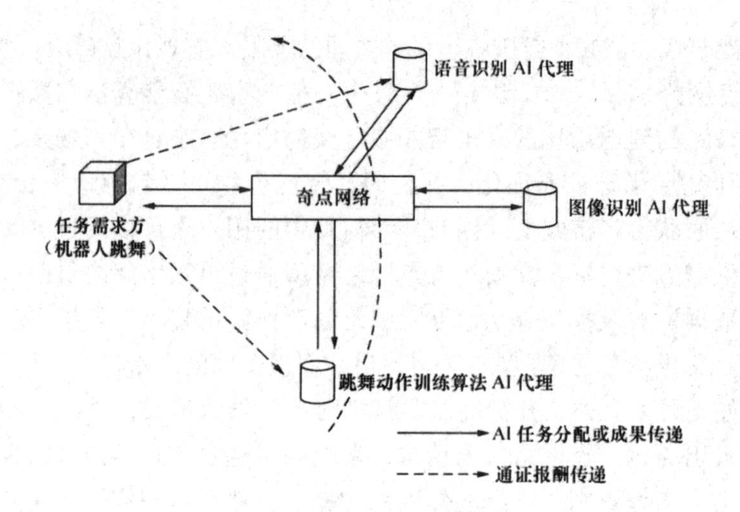

图 6-1 奇点网络的运作模式

二、Matrix AI Network

人工智能的三大核心组成部分是数据、算法和算力。算法的优化有助于节省算力。将人工智能用于 PoW 共识机制和哈希运算，可大大提高计算效率，从而节省电力和能源。

Matrix Al Network 将人工智能与区块链技术结合起来，致力于构建新一代具备自优化能力的智能区块链网络。利用神经网络算法，Matrix 网络能够让普通用户自主设计智能合约，而不需要具备专业的编程知识。Matrix 网络具有更快的交易确认速度及吞吐量，能够无缝集成公链、私链并实现动态自优化。

Matrix 生态链主要包含基础层、应用层、用户组三部分。基础层主要包括提供算力的人工智能矿机及矿工，应用层是基于 Matrix 区块链开发的人工智能项目或智能合约项目，用户组主要包含应用开发者、算力需求机构及普通用户。而该系统中的“MAN 币”承担着连接整个 Matrix 生态链的作用，为其注入活力及运行动力。

（一）分层共识机制

Matrix 没有直接采用 PoW、PoS 或现在较流行的 DPoS 及 PBFT 等共识算法，也没有采用一些 ICO 项目经常用的前期 PoW 转后期 PoS 的混合共识算法，而是将 PoW 与 PoS 结合起来使用，如图 6-2 所示。

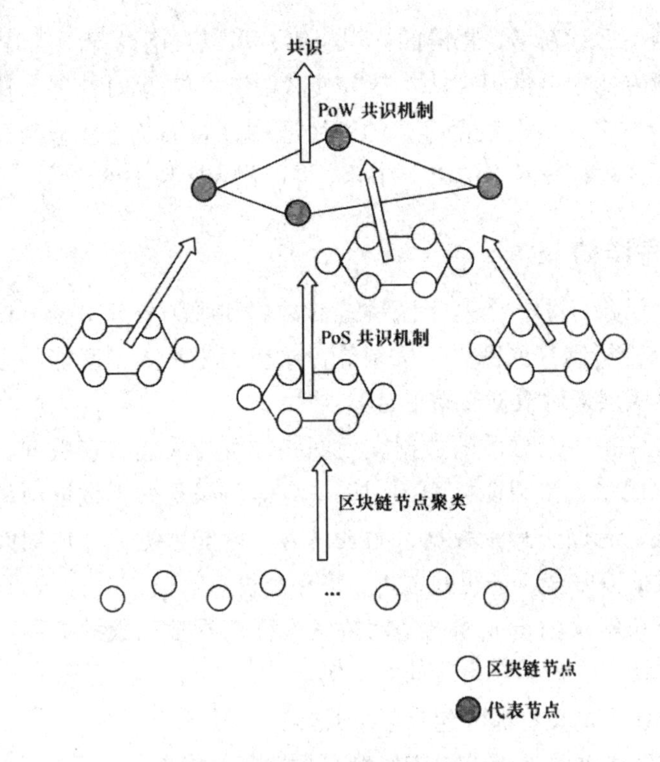

图 6-2　Matrix 的分层共识机制

具体地说，Matrix 的共识网络首先利用聚类算法在整个节点网络中产生多个小型集群，并主要基于 PoS 机制选举出代表节点；其次选举出的代表节点进行 PoW 竞争记账权，获得记账权的代表节点的选民也会获得部分收益。Matrix 的共识算法在挖矿过程中通过消耗算力、能源赋予"MAN 币"实际价值。

（二）多链式区块链结构

Matrix 网络采用控制与数据分离的设计思想，具有多链并行的创新结构，基础结构由一条分布式控制链与一条数据链组成。分布式控制链主要由区块头、控制链参数、AI 模型列表组成，记录了各数据链的参数配置。数据链的结构与以太坊类似，同时在区块头部附加了 AI 版本号，用于获取 AI 参数及模型。在 Matrix 网络中可以定义多条数据链，并将其参数模型映射到控制链区块。

此外，除了控制链及第一条数据链需要遵循 Matrix 的 PoS / PoW 混合共识机制，后续新增数据链的共识机制都可以自己设置。目前，Matrix支持几乎所有的主流共识算法。随着其区块链提供的AI服务、附载的数据链进一步增多，各个数据链中的区块通过控制链及智能合约即可以实现数据交互、跨链交易。最终，Matrix将进化为区块链网络。

三、海洋协议

海洋协议构建了一个基于区块链的数据和服务分享市场。该系统构建了数据定价机制、加密验证机制等，希望为未来人工智能的数据、服务共享提供底层通用数据交易平台。

海洋协议是一个分散的数据交换网络，可让人们共享数据，并通过数据商品化助力人工智能模型的训练。海洋协议是共享数据和相关服务的生态系统，有助于解锁数据，尤其是人工智能数据，并使用区块链技术，允许数据以安全、透明的方式共享和出售。

该项目所解决的行业痛点是因缺乏信任而导致的数据孤岛，目标是建立一个支持多个数据自由流动的市场。

海洋协议下的交易流程包括以下几步：

第一步，由数据所有者在市场发布数据相关信息。

第二步，系统中的管理者可以依据自身经验为该数据下注，客户可以从下注额中获得关于数据的信息。

第三步，客户可以通过智能合约发出请求对接所需求的数据，并在市场中竞价。

第四步，平台中的验证者验证该合约的相关信息。

第五步，海洋协议会依据其激励机制给予数据提供方通证奖励。

由于数据资源具有难以定价的特性，海洋协议针对其生态系统设计了一套独有的经济激励机制，以鼓励用户参与并做出贡献。海洋协议设计了一种下注的方式来定义数据提供者应得的奖励，就是提供数据的用户及其他参与者可以为该数据下注，以表示对该数据流行度的预期，奖励额等于用户的下注额与该数据的流行程度（一定时间段内的使用次数）的对数的乘积再乘以真实的数据使用比例（防止恶意刷分）。

第七章　密码学与安全技术

第一节　安全技术概述

一般而言，安全性的三要素包括：

第一，保密性（confidentiality）：又称机密性，是指数据不泄实体。

第二，完整性（integrity）：指在传输、存储过程中，确保数据未经授权不能被改变，或在篡改后能够被迅速发现。

第三，可用性（availability）：是指授权主体在需要信息时，能及时得到服务的能力。各种对网络或节点的破坏、身份否认、拒绝服务攻击、延迟使用等，都会对可用性造成破坏。

除此之外还有身份可认证性（authentication ability），其与上述三要素密切相关，只有在身份认证的基础上，才能进行有效授权。

安全技术从来都不是一个单一技术，而是跨越多个层次的技术体系。要了解区块链的安全性，首先需要了解区块链系统的层次模型。

区块链系统通常由数据层、网络层、共识层、合约层和应用层等组成，而区块链的安全技术涉及这几层的方方面面。另外，区块链按照许可性的不同可以分为：公有链、私有链和联盟链，不同类型的区块链对安全性技术的要求也不一样。

第二节　数据层安全

一、数据层信息安全

密码学（cryptography）是信息技术的安全基石。密码学领域十分繁杂，包括对称加密、非对称加密、数字签名、数字信封、数字证书等。这里重点介绍在区块链系统中广泛使用的哈希算法、椭圆曲线算法、哈希指针和哈希树。

第一，通过使用非对称加密的椭圆曲线数字签名算法，确保交易的身份验证和不可抵赖。

第二，通过使用各种哈希算法来实现工作量证明共识机制。

第三，通过哈希算法对交易和区块内容进行计算而产生哈希指针：一方面通过哈希指针将多个交易记录组成哈希树，作为区块的主体内容；另一方面通过哈希指针将多个区块头组成一个链条，形成区块链。采用这样的结构，可以防止交易和区块信息被篡改，同时能促进交易快速验证。

（一）哈希算法

哈希算法是密码学的基础算法，广泛用于数据完整性校验、密码保存、文件识别、伪随机数发生器、数字签名等，具有重要的应用价值。哈希算法并不是一个特定的算法而是一类算法的统称，常见的哈希算法结构包括 Merkle-Damganl 结构、HAIFA 结构、Sponge 结构和宽管道结构。

哈希算法又叫散列算法，其作用是基于任何不定长的比特串（称为消息）计算出一个定长的比特串（称为消息摘要或散列值）。消息摘要长度固定且比原始信息小得多。一般情况下，消息摘要是不可逆的，即从消息摘要无法还原原文。如果输入的信息发生细微的改变，即使只改变了二进制的一位，都可以改变散列值中每个比特的特性，导致最后的输出结果大相径庭，所以它对于检测消息或者密钥等信息对象中的任何微小的变化非常有用，可达到对任何一种数据创建小的数字“指纹”的效果。

一个优秀的哈希算法，将能实现以下所述。

1. 正向快速

给定明文和哈希算法，在有限的时间和有限的资源内能计算出哈希值。

2. 逆向困难

给定（若干）哈希值，在有限的时间内很难（基本不可能）逆推出明文。

3. 输入敏感

对原始输入的信息进行任何修改，产生的哈希值看起来应该都有很大不同。

4. 冲突避免

很难找到两段内容不同的明文，使得它们的哈希值一致（发生冲突）。冲突避免有时候又被称为“抗碰撞性”。如果在给定一个明文的前提下，无法找到碰撞的另一个明文，称为“抗弱碰撞性”；如果无法找到任意两个明文发生碰撞，则称算法具有“抗强碰撞性”。

（二）椭圆曲线算法

椭圆曲线密码学（elliptic curves cryptography，ECC），是基于椭圆曲线离散对数问题（ECDLP）的密码学。它通过利用有限域上椭圆曲线的点构成的群，实现了离散对数密码算法。它既可以用于签名，也可用于加密。

1985 年，华盛顿大学的 Neal Koblitz 和 IBM 的 Victor Miller 分别独立地提出了利用有限域上椭圆曲线群来设计公钥加密方案，即椭圆曲线公钥密码 ECC。ECC 主要利用某种特殊形式的椭圆曲线，即定义在有限域上的椭圆曲线。其方程如下：

$$y^2 = x^3 + ax + b(\bmod p) \tag{8-1}$$

这里p是素数，a和b为两个小于p的非负整数，它们满足：

$$4a^3 + 27b^2(\bmod p) \neq 0 \tag{8-2}$$

其中，$x, y, a, b \in Fp$（质数阶的有限循环群），（x，y）和一个无穷点O就组成了椭圆曲线E。

椭圆曲线离散对数问题的定义如下：给定素数p和椭圆曲线E，对于$Q = kP$，在已知P、Q的情况下求出小于p的正整数k。可以证明，已知k和P计算Q比较容易，而由Q和P计算k则比较困难，至今没有有效的方法来解决这个问题，这就是椭圆曲线算法原理之所在。

相比 RSA 算法所依赖的“大素数乘积分解难题”，ECC 算法所依赖的“椭圆曲线离散对数问题”的解答难度更高。因此，在同等安全强度下 ECC 可以用较小的开销和时延实现较高的安全性。ECC 和 RSA 的抗攻击性、存储和计算开销对比见表 7-1 和表 7-2。

表7-1　ECC和RSA的抗攻击性比较

攻破时间（MIPS 年）	ECC 密钥长度	RSA / ECC 长度对比
104	106	5 : 1
108	132	6 : 1
1011	160	7 : 1
1020	210	10 : 1
1078	600	35 : 1

表7-2　ECC和RSA的存储和计算开销比较

算法		ECC	RSA
存储需求（bit）	系统参数	481	N / A
	公钥	461	1088
	私钥	160	2048
计算开销	公钥加密	120	17
	私钥解密	60	384
	签名	60	384
	验证	120	17

在区块链应用中，广泛使用的是基于 ECC 的签名算法 ECDSA，原因如下：

第一，提供相同密码强度时，ECC 的模长更短。也就是说，其密钥长度更短，同时输出结果也更短。从目前已知的最好求解算法来看，160 bit 的椭圆曲线密码算法的安全性相当于 1024 bit 的 RSA 算法。

第二，对于 ECDSA 来说，生成签名与验证签名的开销相差不大，而对于 RSA 来说，验证签名比生成签名要高效得多，这是因为 RSA 可以选用较小的公钥指数，而密钥强度总体不变。但是，如果这样选择简单的 RSA 公钥指数，也容易受到攻击，存在安全隐患。

第三，比特币作为第一个也是最大的公有区块链，采用的是基于 Koblitz 曲线的 ECDSA 算法。

总的来说，ECC 密钥短、安全性高、速度快、存储空间占用少且带宽要求低，这些特点使得业内人士普遍认为 ECC 将成为下一代最通用的公钥加密算法标准。

（三）哈希指针

哈希指针是一个数据结构，除了包含指向存储地点的指针外，还包含针对存储信息的哈希值。哈希指针指示某些信息存储在何处，我们将这个指针与这些信息的密码学哈希值存储在一起。哈希指针不仅是一种检索信息的方法，也是一种检查信息有否被修改的方法。

哈希指针可以用于搭建类似串联链表、二叉搜索树等数据结构。用哈希指针构建一个串联链表，可将这个数据结构称作区块链。在一个有一连串块的常规串联列表里，每一个块都包含有数据以及一个指向上一个块的指针；在一个区块链中，前一个块的指针会被哈希指针代替。所以，每一个块不仅能显示前一块的值在哪，包含该值的摘要，而且允许用户去验证这个值有否被篡改。存储列表的开头是一个指向最近数据块的常规哈希指针。

区块链的一个实用案例是防篡改日志。也就是说，要建一个存储一堆数据的日志数据结构，并允许在日志的最后加上新的数据，但是一旦有人想要篡改之前的数据就能被检查到。当攻击者修改了某个块K时，由于数据被修改，块K的哈希与块$K+1$的哈希将不再匹配。因为哈希函数是免碰撞的，同时新的哈希不会匹配修改过的内容，所以将会检查到在块K中的新数据和块$K+1$中的哈希值不一致。当然，攻击者也可以通过继续修改块$K+1$的哈希值去掩盖K中的篡改。然后，攻击者可以继续这样做，直至列表开头。因此，只要将哈希指针的头储存在攻击者无法修改的地方，攻击者就无法在不被检查到的情况下修改任何块，仅仅通过记住单独的首个哈希指针基本就记住了整列防篡改哈希。第一个特殊的块被叫作创世块。

将哈希指针的思想与哈希树结合起来，可以达到更好的效果。与之前类似，只需记得树开头的哈希指针，就有能力去管理列表中任意一点的哈希指针。这将确保数据不被篡改，因为就如所看到的区块链一样，如果有攻击者修改了树下面的一些数据块，那么这将导致高一级的哈希指针不会再匹配。就算继续修改更高级的块，但是数据的改变已经影响到了无法修改的树的顶端。因此，只要保存好了树顶端的数据，任何试图修改任意数据的行为都将被检查到。

（四）哈希树

哈希树（Hash tree）又叫默克尔树（Merkle tree），由 Ralph Merkle 在 1979 年创造。哈希树整合了哈希散列和树结构特性，而其特征决定了其具有优越的快速查找性能。然而，哈希散列性能的优越性取决于哈希函数的建立。

哈希树的特点包括：

第一，哈希树是一种树状数据结构，大多数是二叉树，也可以是多叉树。

第二，哈希树的叶子节点的值是数据集合的单元数据或者单元数据的哈希值。

第三，非叶子节点的值是根据它下面所有的叶子节点的值，按照哈希算法计算而得出的。

第四，底层数据的任何变动都会传递到其父节点，一直到树根。其最初的设计目的是允许区块的数据零散地传送，即节点可以从一个源下载区块头，从另外一个源下载与其有关的树的其他部分，而依然能够确认所有的数据都是正确的。

目前，在计算机领域，哈希树大多用于比对以及验证处理，典型应用包括：

第一，快速比较大量数据：当两个哈希树根相同时，则意味着所代表的数据必然相同。

第二，快速定位修改：如果 D1 中的数据被修改，会影响到 N1、N4 和 Root。因此，沿着 Root → N4 → N1，可以快速定位到发生改变的 D1。

第三，零知识证明：为了证明某个数据（D0，…，D3）中包括给定内容 D0，可以构造一个哈希树，公布 NO、N1、N4、Root，D0 拥有者可以很容易检测的 D0 存在，但不知道其他内容。

主流区块链系统都在使用哈希树。例如，比特币系统中每个区块都含有 1 个交易树；以太坊系统中每个区块包含 3 个哈希树，分别保存交易记录、状态变更、交易收据；比特币钱包用哈希树机制实现“百分百准备金证明”。在比对或验证应用场景中，特别是在分布式环境下进行比对或验证时，哈希树会大大减少数据传输量以及计算的复杂度。在时间复杂度上，哈希树利用树形结构避免了可能出现的线性时间比较，迅速定位到差异方面的 key 值，时间复杂度为$O(\log(n))$；在网络传输方面，如果进行线性比对，传统的方法每次必须传输共有的 key 值范围内所有的哈希，但针对哈希树而言，是查到哪一层获取哪一层需要的哈希值，从而大大减少了数据的传输量。

二、数据层交易隐私安全

目前大多数区块链系统都是直接或间接地从比特币衍生出来的。比特币实质是一个公开的、分布式密码学记账系统，它采用了与以往不同的隐私模型。传统银行采用“身份公开，交易隐藏”的方式，而比特币则采用“身份匿名，交易公开”的方式。通过公开交易记录，可从原来由单一中心化权威机构监管，变为由集体共同监管，共同维护账本的可信度，从而有效防范“双花”问题。

比特币通过以下 3 点来支持“匿名性”：

第一，地址生成不经过客户身份识别（know your custom，KYC），完全由用户自己产生，是根据椭圆曲线算法产生的公钥，再经过 SHA256、RIPEMD-160 计算和 Base58 编码等变化而来的结果。

第二，无法直接通过地址对应到真实身份信息。

第三,一个拥有者的几个地址之间无直接联系，无法得知用户实际拥有的比特币数量。

然而，比特币的匿名性是相对的，具有以下弱点：

第一，用户需要在交易中公开其公钥以便其他节点验证交易有效性，从而暴露了用户地址及其他使用信息。

第二，交易信息公开，只需知道一个地址就可以找到关联人的一系列地址。

第三，对区块链进行数据分析，交易的汇总输入会暴露拥有人的其他地址。

第四，比特币协议未对通信数据进行加密，协议分析软件能够从比特币交易的信息中分析出 IP 地址与比特币地址的对应关系。

第五，比特币交易所的实名认证机制，让交易所能够直接将用户信息与地址信息关联起来。

在计算机科学中，“化名”和“匿名”是两个不同的概念。“化名”

就是在网络中使用的一个与真实身份无关的身份；“匿名”指的是具备无关联性的化名。所谓无关联性，就是指站在攻击者的角度，无法将用户与系统之间的任意两次交互关联起来。

在比特币系统的交易中，使用者无须使用真名，而是采用公钥哈希值作为交易标识。公钥哈希值就可以代表使用者的身份，与真名无关。因此，比特币是具备“化名性”的。但是，由于用户反复使用公钥哈希值作为交易标识，交易之间显然能建立某种关联。因此，比特币并不具备真正的“匿名性”。

更为严重的是，一旦用户信息和其公钥哈希值进行关联，那么用户所有的交易信息都将暴露在大众面前。攻击者可以通过攻击交易所、分析交易信息、监控交易流向，来猜测、窃取用户的隐私信息，从而侵犯用户隐私，甚至非法获利。

目前已有一些通过密码技术、混币机制、数据分区机制来保护用户隐私安全的方案，见表7-3。这些技术分别用来保护数据隐私性、签名者隐私性、地址隐私性等。然而，隐私安全的防范手段远不止于此，这里仅列举了当前阶段区块链可能用到和已经用到的隐私保护技术，随着密码学与区块链技术的高速发展，将会涌现出更多的新技术。同时，我们也应该意识到，任何单一技术都无法实现完全的保护，需要将多种技术结合到一起才能对用户隐私实施更有效的保护。

表7-3　区块链技术中主要交易隐私保护方案

隐私保护方案	描述
盲签名	当数据所有者和签名者不同时，可以保护数据的隐私。将明文数据盲化再交给签名者签名，数据去盲后的内容等于签名者直接对明文数据签名的内容。应用于电子投票领域和电子现金领域
环签名	实现签名者匿名。利用一批公钥签名，验证者只能判断该签名者来自于这批公钥，但无法判断具体谁进行的数字签名，增强匿名性。应用于门罗币、以太坊等区块链项目
零知识证明	证明者能够在不向验证者提供任何有用的信息的情况下，使验证者相信某个论断是正确的。应用于 Zcash、Zcoin 等区块链项目
混币	实现交易匿名。通过打乱交易发起方与交易接收方的强关联性，使攻击者无法追踪资金来源、无法定位资金流向。应用于比特币、Zcash 等区块链项目
数据分区	对交易按分区实施存储和访问的隔离，达到保护数据隐私的目的

（一）盲签名

传统数字签名方案都是由签名者对数据明文实施数字签名。当签名者和数据所有者分属不同的个体时，无法做到“被签名数据”对签名者保密。

盲签名（blind signature）则是一种特殊的数字签名方案，它可以保证被签名数据的保密性和不可追踪性，从而保护用户数据的隐私。其概念在 1982 年由 David Chaum 提出以后，就得到了广泛的应用，常被用于匿名的电子支票和匿名的电子投票。

有人曾经给出一个非常直观的比喻：所谓盲签名，就是将要签名的文件放进信封里，当文件在信封里时，没有人能够读它，文件通过在信封里放一张复写纸来签署，当签名人签署信封时，他的签名可通过复写纸签到文件上。简单地说，盲签名就是签名者在无法获得待签消息的任何内容的前提下对该消息进行签名。一般的形式化描述为：设 A 为消息拥有者，B 为签名者，A 希望 B 在不知道消息内容的前提下，对消息进行签名，并且能够保证在将来的某一时刻能够证明签名的真实性。

盲签名是当前广泛应用的数字签名技术的重要组成部分之一。除了基于 RSA 的盲签名外，也有“基于离散对数的盲签名”。它们在诸如电子现金、电子投票、电子拍卖等诸多同时需要匿名性和认证性的应用场合中起到了关键作用。但同时我们也注意到，在普通盲签名体制中，被签名的消息完全由消息持有者控制，签名人对此一无所知，也不知道关于最终签名的任何信息，这可能造成签名被非法使用等问题。

（二）环签名

区块链的数字签名虽然能解决电子信息的鉴别问题，但在验证过程中需要签名者的公钥，这必然会泄露签名者的身份信息。针对这个问题，密码学家设计出了可以隐藏签名者身份的特殊签名技术——环签名。

环签名（ring signature）的概念于 2001 年被提出。环签名可以实现签名者的无条件匿名性，即任何人都无法追踪到签名人的身份。在环签名生成过程中，真正的签名者任意选取一组成员，包含他自身作为可能的签名者，用自己的私有密钥和其他成员的公开密钥对文件进行签名。签名者选取的这组成员称作环（ring），生成的签名称作环签名。签名接收者能证明签名者为环中的某一个成员，但却无法确定签名者的真实身份。

环签名的具体流程如下：

第一，准备：N个用户参与，每个用户都有一对密钥（公钥和私钥），其中，N个公钥都是公开的。

第二，签名：签名者使用N个公钥和自己的私钥对明文进行签名。

第三，验证：验证者使用N个公钥对签名信息进行验证。如果签名者的私钥属于N个用户中的一个私钥，则验证通过，否则验证失败。

验证者在验证的过程中，准确猜出签名者身份的概率是$1/N$，实现了隐藏用户身份的目的。通常认为环签名体制比较安全，但需要满足以下安全性要求：

第一，签名是可信的：任何人都可以方便地验证签名的有效性。

第二，无条件匿名性：攻击者即便非法获取了所有可能的签名者的私钥，他能确定出真正的签名者的概率不超过$1/N$，N为环中成员（可能的签名者）的个数。

第三，不可伪造性：外部攻击者在不知道任何成员的私钥的情况下，即使能够从一个生成环签名的随机预言者那里得到任何消息M的签名，也不可能以不可忽略的优势成功伪造一个新消息的合法签名。

常见的环签名种类有门限环签名、关联环签名、可撤销匿名性环签名、可否认的环认证和环签名等。但环签名仍存在一些缺陷：

第一，计算时间和签名长度都是普通签名的n倍。

第二，由于其强匿名性，难以防止组内用户的抵赖行为。

环签名允许一个成员代表一组人进行签名而不泄漏具体签名者的信息，保证真实签名者匿名。因此，环签名是一种以匿名方式透露可靠消息的有效方法。环签名在匿名电子选举、电子政务、多方计算等领域应用广泛。在区块链领域，也有很多研究人员利用环签名技术解决隐私保护问题。

（三）零知识证明

零知识证明（zero-knowledge proof）是由格但斯克（S.Goldwasser）等人在20世纪80年代初提出的。证明者能够在不向验证者提供任何有用信息的情况下，使验证者相信某个论断是正确的。早期零知识证明需要证明者与验证者进行消息交互才能完成，这种证明过程被称为“交互式零知识证明”。在20世纪80年代末，百隆（Blum）等人提出用一个短随机串代替交互过程实现零知识证明，且只由证明者发出一次消息，无须证明者与验证者交互，验证者就可以验证消息的正确性，该证明过程被称为“非交互式零知识证明”。

下面用典型场景来说明“零知识证明”的意义：

证明者向验证者表明自己是名邮递员，并拥有信箱钥匙。信箱只可以通过钥匙打开，并不存在其他打开方式。验证者怀疑证明者没有信箱钥匙，此时证明者如何证明其拥有信箱钥匙呢？当验证者在场时，证明者打开信箱锁，证明其言论的正确性，但此时验证者可以看到钥匙形状，钥匙信息泄露。验证者将带有自定义内容的信件投递到信箱，证明者单独打开信箱，向验证者展示信件内容，证明其拥有信箱钥匙，该证明思路就属于“零知识证明”。

根据以上实例总结得出，“零知识证明”模型应满足以下条件：

第一，可靠性：证明者论断是真实的，则验证者以大概率接受证明者论断。证明者论断是虚假的，则验证者以大概率拒绝证明者论断。

第二，零知识性：证明者向验证者证明其论断的正确性，但并未向证明者透漏其他有用的信息。

零知识证明从提出到现在已经有多年的时间，人们在这方面进行了很多的研究，取得了许多重要的成果。目前，已经有很多基于RSA或DSA数字签名实现的零知识证明方案。大量事实证明，零知识证明在密码学中非常有用，它已经发展成为密码学的一个非常活跃的分支。

零知识证明在许多行业中都有广泛的应用。尤其是在身份识别领域，已有Fiat-Shamir身份识别、Schnorr身份识别、Guillou-Quisqualer身份识别等零知识证明方案。零知识证明在虚拟数字货币领域也有深入应用。2016年发布的开源虚拟数字货币Zerocash，就使用了基于zk-SNARK的非交互式零知识证明方案，其在交易过程中对交易发起方地址、交易接收方地址和交易金额进行了匿名。

（四）混币机制

在以比特币为代表的众多虚拟数字货币应用背景下，交易过程中裸露交易双方地址，导致身份信息被攻击者大量收集，而攻击者利用大数据分析技术掌握用户行为、定位用户身份、分析公司商业机密，严重制约着用户的隐私安全。隐私保护需求已经迫在眉睫，交易混淆的思想走进区块链领域。

在比特币交易信息中，必须指明一笔钱（amount）的输入（inputs）和输出（outputs），以便公开审计账簿，以防止出现“双花”问题。每一笔交易内包含相应的输入与输出，输入包含输入用户公钥，输出包含接收用户的收款地址和输入用户的找零地址。这些内容在交易数据里清晰可见，为区块链分析者提供了必要的分析条件。

交易混淆是隐藏交易相关方身份信息的常用手段，典型的代表方式是混币机制。混币机制（coinjoin）通过将多个交易拆散然后重新组合，打乱交易发起方与交易接收方的强关联性，使攻击者无法追踪资金来源、无法定位资金流向。其重点是割裂交易中各个地址之间的联系，包括多个输入地址直接的联系、输入地址与输出地址之间的联系和多个输出地址之间的联系。

（五）数据分区

区块链存储是以分布式账本方式将区块信息存储到各个节点，因此区块信息被节点完全掌握。区块链上有多应用、多业务，而同一节点在不同应用业务中表现能力不同、拥有权限不同。例如，某节点对于A业务有绝对拥有权，可以读/写访问，而该节点对于B业务没有读/写权限。数据信息都存储在同一区块链上，会导致结构设计变得复杂，造成隐私泄露的风险。同时，一般节点只关心与自己相关的应用业务，节点需花费大量时间从区块链上摘取自己相关业务。

数据分区是解决上述问题的有效方法，即各应用业务间建立访问防火墙，区块分区存储，建立多分链模型，各分链密文存储，严格把控区块访问权限，建立密钥管理体系，保证各分链之间相互隔离、互不干扰。节点直接访问相关业务分区链，节省了时间，提高了工作效率。

采用数据分区的优势为：结构化清晰，有利于把控区块链架构；设置访问权限，增强隐私保护能力；设计分区链模型，防止数据相互干扰，方便节点管理和查询数据。

数据分区的思想正逐步应用于区块链项目，各项目根据自己的不同需求设计演变出多种数据分区。例如，北航数字社会与区块链实验室开发的北航链，采用将交易信息和账户信息分链存储的架构设计方案。每个参与方都可以定义自己专有的账户区块链 ABC，其他人无权访问。多个参与方共同完成某类业务时共用一个交易区块链 TRC，非交易参与方则无权访问这个 TBC 链，这样便于实现数据隔离保护。最终，一方面实现了账户信息和交易信息的隔离，另一方面也实现了不同参与方的交易隔离。

三、数据层隐私安全计算

如果说隐私安全是一种“静态”的隐私数据保护策略，那么隐私计算安全则是隐私信息在处理、流转过程中的“动态”保护策略。隐私计算安全指的是利用脱敏、匿名、密码学等技术保障隐私信息在处理、流转过程中不外泄的一种“动态”保护策略，隐私计算安全是建立在数据安全基础之上的保障隐私信息的更深层次的安全要求。

随着大数据、人工智能等数字经济时代新兴技术日益成熟，各行各业沉淀下来的数据背后所蕴含的潜在价值受到了大家的高度重视，数据已成为企业和国家具有战略价值的核心资产。

在现实世界中，任何单一企业或组织，即便强大如当下互联网巨头，也都只能掌握一部分数据，都不足以全面、精准地勾画出目标对象的全部特性。在数字经济时代，越来越多的企业或组织需要与产业链上、下游业务伙伴在数据流通和交易领域进行深度合作。因为只有通过各方数据协同计算，才能更好地利用数据的价值，提升生产效率，推进产业创新。

然而在数据处理和流转过程中如何保证个人信息、商业机密或独有数据资源等隐私信息不会泄露，是企业或组织参与数据共享和流通合作的前提条件。但出于数据权属、数据泄露及自身商业利益等诸多因素考虑，各手握大量数据的企业或组织对于开放自己的内部数据尤其是核心数据持极其谨慎的态度，从而导致数据隐私保护和数据高效流动之间的矛盾日益凸显。

“隐私安全计算”这个概念正是为解决这一矛盾而诞生的。隐私安全计算是面向隐私信息全生命周期保护的计算理论和方法，是隐私信息的所有权、管理权和使用权分离时隐私度量、隐私泄漏代价、隐私保护与隐私分析复杂性的可计算模型与公理化系统。具体是指，在处理视频、音频、图像、图形、文字、数值、泛在网络行为性信息流等信息时，对所涉及的隐私信息进行描述、度量、评价和融合等操作，形成一套符号化、公式化且具有量化评价标准的隐私计算理论、算法及应用技术。

（一）传统隐私安全计算技术

传统隐私安全计算技术主要包括数据脱敏、匿名算法、差分隐私 3 大类。

1. 数据脱敏

数据脱敏又称数据去隐私化或数据变形，是在给定的规则、策略指导下对某些敏感信息进行数据变形、修改，发挥敏感隐私数据的可靠保护作用，从而可以在开发、测试等非生产环境中安全地使用脱敏后的真实数据集。在不违反系统规则条件下，可利用数据脱敏技术对真实数据进行实时的数据清洗、技术屏蔽、审核处理等改造，并在完成安全测试之后将其提供给需求方使用。数据脱敏技术发展成熟，应用范围最为广泛。

2. 匿名算法

匿名算法是指根据具体情况有条件地发布部分数据，或者数据的部分属性内容。匿名算法既能做到在数据发布环境下用户隐私信息不被泄露，又能保证发布数据的真实性，在大数据安全领域受到了广泛关注。

目前，匿名算法普遍存在运算效率过低、开销过大等问题，发展并不成熟，应用范围并不普及。

3. 差分隐私

差分隐私是指通过对原始数据进行转换或者是为统计结果添加噪声来实现隐私保护。利用差分隐私技术在统计数据库进行查询活动时，可以最大化数据查询的准确性，同时最大限度地减少识别其记录的机会，使得攻击者无法从数据库中推断出任何隐私信息。换句话说，差分隐私算法通过为查询结果添加噪声使得攻击者无法找到特定数据项。差分隐私是当下比较主流的隐私保护技术之一，苹果正是使用差分隐私技术从 Safari 浏览器中收集用户数据。

传统隐私保护技术因大数据日益增强分析能力可能失效，并且难以使用主流的非关系型数据库，而安全多方计算、同态加密、零知识证明等基于密码学的算法为真正解决隐私安全问题提供了一种新思路，日益成为学术界和产业界的研究热点。

（二）同态加密

科学家们很早就将加密技术应用到了重要领域，用以确保信息的安全性、完整性与隐私性。但是，运用加密技术来保护用户的隐私或敏感数据存在先天的缺陷。如果用户采用日常标准的加密技术来处理一个存储大量用户文档或者数据文件的远程存储系统的话，就必须做出选择：如果将数据以明文形式进行存储，就会使得自己的隐私或者敏感数据毫无安全性地暴露给数据库服务商或云服务提供商；如果对数据加密处理后再进行存储，则必将导致服务提供商无法对数据进行任何操作。这使得用户处于一个无法抉择的两难境地。

因此，密码学界的科学家们一直迫切地想解决却无法解决的棘手问题是怎样构造出一种数据处理方法，处理任意已加密的数据，接着再对处理结果进行解密操作。最终，得到的解密结果与对未加密的数据做等价处理所得结果相同。这样，在用户使用云计算或物联网服务时，其数据的隐私性与安全性就可以得到保障，这就是所谓的“同态加密问题”。

同态加密中对密文执行运算等价于对明文执行同样的运算。乘法同态支持对密文的乘法运算，加法同态则支持对密文的加法运算。对于通过同态加密得到的密文，无须进行解密即可执行相关计算任务，对密文执行的计算任务与对明文执行的计算任务是相同的。

能够同时支持对密文进行同态加法和同态乘法计算，又满足密文紧致性要求的方案，被称为“全同态加密方案”。全同态加密提出后，成为密码学界一个开放性难题，被誉为密码学界的“圣杯”。全同态加密方案与传统加密方案不同的地方在于，其关注的是数据处理安全。利用全同态加密的同态特性，可实现在加密状态下对敏感信息的计算外包。全同态加密在云计算、安全多方计算等诸多领域有着广泛的应用前景，有越来越多的人员投入到了相关理论和应用研究中。

目前，现有的同态加密算法都没有实现真正意义上的全同态加密。有的只能实现乘法同态，如 RSA 算法；有的只能实现加法同态，如

Paillier 算法。也有少数的几种算法能够同时实现加法同态与乘法同态，如 Rivest 加密方案等，但是这些算法共同的问题是允许的同态操作是有限次数的，并不是完全的“全同态加密”。

同态加密在区块链和云计算等领域都有很大的需求。例如，区块链技术拥有分布式账本特性，数据以共识方式存储到各个节点。如果区块存储是明文数据，将导致交易信息泄露，制约区块链的隐私安全；如果区块存储是密文数据，在涉及需要代数运算的场合将无法执行，且验证节点无法对交易进行有效臆证，造成区块链功能的缺失。同态加密的出现，使得区块存储密文数据并进行代数运算成为可能，只有拥有密钥的节点才能解密区块数据，其他节点只需根据共识算法进行分布式存储即可。这样既确保了交易的有效可信，又保证了隐私安全。

第三节　网络层安全

目前公认的网络攻击的三种原型是网络窃听、篡改和伪造以及分布式拒绝服务（distributed denial-of-service，DDoS）攻击等。利用安全传输机制，可以防止网络数据被窃听。利用签名验证机制，可防止数据被篡改和伪造。对于 DDoS 攻击，纯技术手段无法绝对防范，但是结合一些激励机制可以有效进行抵抗。

一、安全传输机制

在早期设计 TCP/IP 协议时，并没有考虑安全性需求，所有信息都是明文传播，这带来了三大风险：一是窃听风险（eavesdropping），第三方可以获知通信内容；二是篡改风险（tampering），第三方可以修改通信内容；三是冒充风险（pretending），第三方可以冒充他人身份参与通信。而传输安全层就是为了解决这三大风险而设计的，希望达到以下效果：所有信息都是加密传播，第三方无法窃听；具有校验机制，信息一旦被篡改，通信双方会立刻发现；配备身份证书，防止身份被冒充。

设计独立的“传输安全层”来提高安全服务，具有很多的优点：首先，由于多种传送协议和应用程序可以共享由网络层提供的密钥管理架构，密钥协商的开销被大大地削减了；其次，高层协议可以透明地建立在安全层之上，而无须修改应用程序。

目前，传输安全层技术主要有 SSiyTLS、IPSec 等。

SSL（security socket layer，安全套接字层）最早由 Netscape 研发，用以保障在 Internet 上进行数据传输的安全性，弥补 TCP/IP 安全性的不足。SSL 通过互相认证、使用数字签名确保完整性、使用加密确保私密性，以实现客户端和服务器之间的安全通信。该协议由两层组成：SSL 握手协议和 SSL 记录协议。

TLS（transport layer security, 传输层安全）在两个应用程序之间提供保密性和数据完整性。该协议由两层组成：TLS记录协议和TLS握手协议。最早的 TLS 1.0 是由标准化组织（internet engineering task force，IETF）在SSL 3.0协议规范的基础上制定的RFC标准规范。通常可以认为TLS 1.0是 SSL 3.1，TLS 1.1 是 SSL 3.2，TLS 1.2 是 SSL 3.3。

一次 SSL 或 TLS 会话过程，通常包含四个步骤：

第一，对等协商所支持的密钥算法，包括非对称加密算法（RSA、Diffie-Hellman、DSA 及 Fortezza）、对称加密算法（RC2、RC4、IDEA、DES、3 DES 及 AES）和哈希算法（MD5 及 SHA）。

第二，基于数字证书完成单向或双向身份认证，前者只对证服务器证书，后者同时还验证客户端证书。

第三，基于非对称加密技术协商“会话密钥”。

第四，使用“会话密钥”进行对称加密，确保数据传输安全。

IPSec（internet protocol security）是标准化组织 IETF 制定的一组 IP 网络安全协议集，给出了应用于 IP 层保障网络数据安全的一整套体系结构，包括网络认证协议（authentication header，AH）、封装安全载荷协议（encapsulating security payload，esp）、密钥管理协议（internet key exchange，IKE）和用于网络认证及加密的一些算法等。这些协议提供了包括数据加密、对网络单元的访问控制、数据源地址验证、数据完整性检查和防止重放攻击在内的多种安全服务。IPSec 协议在 IPv4 中是可选的，但在 IPv6 中是强制实施的。

目前，主流的区块链系统还是公有链。公有链更强调公开透明，对数据的保密性要求不高，因此也不要求传输安全。而数据的完整性、真实性、可靠性、不可抵赖性可由数据层和共识层来保证。对于联盟链，传输安全是可选的。主流开源联盟链，如超级账本的 Fabric 设计中包含 TLS 证书，并在其配置中有一个开关项，可以单独打开或关闭 TLS 功能。对于私有链，更关注数据安全隐私场景，可以考虑引入传输安全层来提高数据的隐私性。

二、安全访问控制

对于公有链区块链平台，任何节点都可以自由加入区块链网络，不需要访问控制机制的保障。而对于联盟链或私有链平台，节点必须经过授权方才可加入区块链网络，必须依赖访问控制机制。

首先，构建区块链的 CA 中心，基于 PKI 体系为区块链网络中的各节点提供证书和身份认证服务。新准入节点需要在 CA 中心注册身份并申请证书，在审核通过后，该节点可以使用核发的证书接入区块链网络。

其次，基于角色进行权限控制。根据区块链网络中不同的操作节点，可以定义不同的角色。在根 CA 的基础上，构建各角色的子 CA 中心，可以按角色生成不同类型的证书。不同类型的证书除了能验证节点的身份，还可以作为权限控制的依据而存在。

大多数联盟链都引入了 PKI（public key infrastructure）体系，采用多种数字证书进行身份认证和访问授权控制。例如，在开源组织 Linux 基金会旗下超级账本的开源联盟链项目 Fabric 中，就使用了多种不同用途的数字证书，包括身份注册证书（ECert）、交易证书（TCert）和传输安全证书（TLSCert）等。

三、P2P 网络下的攻击和防范

区块链通常采用 P2P 对等网络进行动态组网。每个参与者可以随时加入和退出，每个节点具有同等的能力，都可主动发起一个通信会话，这样导致其容易受到 DoS 攻击、DDoS 攻击、女巫攻击和粉尘交易攻击等。

（一）DoS 和 DDoS 攻击

DoS 攻击（denial-of-service attack）亦称洪水攻击，是一种网络攻击手法。DoS 攻击的方式有很多种，最基本的 DoS 攻击就是利用合理的服务请求来占用过多的服务资源，从而使合法用户无法得到服务的响应。

DDoS 攻击（distributed denial-of-service attack）是指利用网络上多个被攻陷或控制的主机作为“僵尸”，同时向特定的目标发动 DoS 攻击，产生更大规模的攻击力度，同时也更难以找到原始攻击来源。当某节点受到 DDoS 攻击后会导致很多不良影响，包括：

第一，被攻击主机上有大量等待的 TCP 连接。

第二，网络中充斥着大量的无用数据包，源地址为假。

第三，制造高流量无用数据，造成网络拥塞，使受害主机无法正常和外界通信。

第四，利用受害主机提供的服务或传输协议上的缺陷，反复、高速地发出特定的服务请求，使受害主机无法及时处理所有的正常请求。

第五，严重时会造成系统死机。

到目前为止，有效防御 DDoS 攻击仍然是一个比较困难的问题。这种攻击的特点是它利用了 TCP/IP 协议的漏洞，除非你不用 TCP/IP，才有可能完全抵御住 DDoS 攻击。用一个形象的比喻来说明，DDoS 就好像有 1000 个人同时给你家里打电话，导致你真正的朋友无法打通电话。对于一些集中式服务而言，一般可以采用本地流量清洗、使用 CDN 服务、使用云防护服务等，在一定程度上减轻 DDoS 攻击的影响。

对于区块链应用系统而言，主要从两个层面入手来加强防御 DDoS 攻击的能力：

第一，相对集中式的上层应用：可以采取上述传统防御 DDoS 攻击的手段，缓解 DDoS 攻击的影响。

第二，相对分散式的底层服务：没有防御 DDoS 攻击的有效手段。但是，由于其去中心化的特点，部分节点失效并不影响整个网络的健壮性。也就是说，区块链网络自身就具有一定 DDoS 攻击防御能力。

上述 DoS 攻击和 DDoS 攻击主要基于网络协议层的漏洞来进行攻击。还有一些基于应用层协议的漏洞进行攻击的方式，如女巫攻击、粉尘交易攻击等。

（二）女巫攻击

所有大规模的 P2P 系统都面临着有问题和敌对节点的威胁，为了应付这种威胁，很多系统采用了冗余。然而，如果一个有恶意的实体模仿了多个身份，他就可以控制系统的很大一部分，破坏系统的冗余策略，我们把这种模仿多个身份的攻击定义为女巫攻击（sybil attack）。

女巫攻击的提出者将这种攻击定义为一种网络安全威胁，这种威胁是由网络中的某些节点谎称自己拥有多个身份而造成的。女巫攻击之所以存在，是因为计算网络很难保证每一个未知的节点是一个确定的、物理的计算机。各种技术被用来保证网络上计算机的身份，如利用 IP 地址识别节点、设置用户名和密码等。然而，无论在现实社会还是虚拟社会，模仿无处不在。

一个防止女巫攻击的方法是采用一个信任的代理来认证实体。但是，如果没有一个逻辑上的中央授权机制，女巫攻击总是可以实现。

区块链系统也是基于 P2P 网络机制，因而不可避免会受到女巫攻击的威胁。对于私有链和联盟链，每个参与节点或用户都有严格的身份验证机制，可作为大量交易攻击的第一个防御手段。只要节点的私钥信息没有泄露，黑客就很难模拟多个身份去发起真实的交易，实施女巫攻击。对于公有链而言，由于没有针对每个节点进行的严格身份认证和授权许可，任何人无须许可就可加入区块链网络并发起交易，此时就很难从技术上防范“女巫攻击”。

以比特币区块链网络为例，攻击者能够将只受控于他的客户端连入网络，因此很大可能用户是连接到了攻击者的节点。虽然，比特币从未使用任何节点的统计，但完全断开一个节点与可信网络的连接有助于执行其他攻击。攻击者至少可以通过这几个方法发起攻击：

第一，攻击者可以拒绝转播来自他人的区块和交易，使用户的网络断开连接。

第二，攻击者可以只转播他创建的区块，使用户连接到一个单独的网络，那么用户就会面临重复交易的危险。

第三，如果用户交易信息不需要或没有经过确认，攻击者可以过滤掉某些交易来制造重复交易。

第四，如果用户已经连接到多个攻击者节点，此时，信息传输已经在攻击者的严密监视之下，那么采用定时攻击的方法相对容易攻破比特币的低延时加密或匿名传输。

如果有人建立了一个规模足够大的自私矿池，其私有块链比公共块链更长，自私矿池可以不披露最新挖掘出的块，使得诚实矿池或矿工浪费时间去挖掘已挖的矿，自私矿池因此获得额外的优势，使其私有块链始终比公共块链更长，从而控制整个比特币块链，不公平地攒取更多份额。而理性的矿工为了增加自己的收益，将会加入这个自私矿池，从而导致了一个滚雪球效应。最终，攻击者的队伍扩大到超过50%时，可能给攻击者对这个网络的高度控制权，从而可以实施第二阶段的51%攻击。

（三）粉尘交易攻击

对于区块链数字货币系统，还有一种“粉尘交易攻击”，又称“一分钱洪水”（penny flooding）攻击。利用目前区块链性能和容量有限的缺陷，以合法用户身份，故意制造一些小额交易提交到区块链网络中，可导致区块链系统无法及时处理相关交易。

对于比特币系统而言，这种现象尤为突出。目前，比特币区块大小为1 MB，平均每10 min生产一个区块，每个区块最多可容纳2000多笔交易。也就是说每秒只能处理3笔左右的交易，理论值最大也就7笔/s，因而很容易受到“粉尘交易攻击”的威胁。2015年9月份，某公司在比特币区块链进行了“压力测试”，发送了数量巨大的小额交易。测试期间，未确认交易显著增加到了75000笔，造成了大量正常比特币转账的延误，有的甚至要等待好几天才能收到第一次交易确认。由于粉尘交易攻击是以比特币区块链现有的游戏规则为根据，本身并没有“犯规”，只能说这类行为“不道德”，仅此而已。

要防范“粉尘交易攻击”就是要提高发起攻击的成本。虽然，目前比特币交易存在一定手续费，但是交易手续费占比相对固定，尤其是针对小额交易，其交易费更少，因而发起攻击的成本很低。为此，可以考虑重新设计系统交易手续费的规则，例如：

第一，设计最低交易手续费，而非完全按交易额比率收取交易手续费。

第二，设计动态调整手续费，对于频繁交易者，指数级增加其交易手续费。

总的来说，防范P2P网络下的各种攻击的主要两个思路：一方面增加攻击的难度，如加强身份验证和访问授权；另一方面是增加攻击的成本，提高或动态调整每次的交易费用。

第四节　共识层安全

随着摩尔定律碰到瓶颈，越来越多的系统要依靠分布式集群架构来实现海量的数据处理和计算能力。从集中式系统变为分布式系统，需要解决的核心问题是“一致性问题”。一致性问题是指对于分布式系统中的多个服务节点，给定一系列操作，在一致性协议的保障下，试图使得它们就处理结果达成一致。简单来说，就是如何在分布式系统中，通过一次次的共识确保内容在多个节点的空间和时间上是一致的。共识（consensus）是指多个参与主体一致同意一项内容，侧重于内容在空间上的一致和统一。而一致性（consistency）是指多个主体的内容前后一致，侧重于内容在时间顺序上的一致和统一。两者是从不同维度确保内容一致的计算方法。在区块链相关研究中，经常用“共识”这个词，而在传统计算科学等领域则常用“一致性”这个词。一致性问题研究已经有很长一段历史了，相应开创性研究工作始于1960年管理科学领域和统计学领域，之后随着分布式控制系统的迅速发展，开始延伸到系统科学、信息科学、计算科学等领域，并已成为分布式计算的理论基础。基于两者的紧密联系，后文将不对“共识”和“一致性”做严格的区分。

一致性问题的难点体现在三个方面：

首先，根据FLP不可能原理，异步通信网络是不可靠的，在网络健壮的异步通信场景下，即使只有一个进程宕机，也没有任何算法能保证“非失败进程”达到一致性。“网络健壮”意味着只要进程非失败，消息虽会被无限延退，但最终会被送达但消息仅会被送达一次（无重复）。目前的TCP已经可以保证消息的健壮、不重复、不乱序。“异步通信”与同步通信的最大区别是没有时钟、不能时间同步、不能使用超时、不能探测失败、消息可任意延迟、消息可乱序。“进程宕机”是故障模型的一种，即宕机后不再处理任何消息。相对Byzantine模型，其不会产生错误消息，最多有一个进程失败。简单来说，在一个异步系统中，我们不可能确切地知道任何一台主机是否宕机了，因为无法分清楚主机或网络的性能减慢与主机宕机的区别，也就是说无法可靠地侦测到失败错误。

其次，实际系统所面临的故障类型更多，除了进程宕机以外，还有宕机恢复故障和拜占庭故障。

第一，进程宕机：进程宕机后不再处理任何消息。主副本和状态机复制技术、两阶段提交、三阶段提交等算法，能够在同步通信场景下解决一致性问题。

第二，宕机恢复故障：意味着网络不够健壮，存在消息丢失情况。此时，相对复杂的 Paxos、Chubby、ZooKeeper、RAFT 等共识算法可以容忍此类故障，允许通过异步通信机制解决一致性问题。

第三，拜占庭故障：拜占庭缺陷指任何从不同观察者角度看表现出不同症状的缺陷。拜占庭故障指在需要共识的系统中拜占庭缺陷导致丧失系统服务。换句话说，消息可能被造假，或存在错误消息。此时，更加复杂的 PBFT、Zyzzyva 等共识算法可以容忍此类故障，允许通过异步通信机制解决一致性问题。

由于区块链系统的去中心化特性，其节点与节点之间没有强的约束关系，所以必须解决拜占庭故障，防止部分节点编造假消息并作恶。

最后，分布式系统的 CAP 定理指出，对于一个分布式计算系统来说，不可能同时满足以下三点：

第一，一致性（consistency）：同一个数据在集群中的所有节点同一时刻是否都是同样的值。

第二，可用性（availability）：集群中一部分节点故障后，集群整体是否还能处理客户端的更新请求。

第三，分区容忍性（partition tolerance）：是否允许数据分区。分区的意思是指是否允许集群中的节点之间无法通信。

对于去中心化的区块链系统而言，分布式是其天然的特性，或者确保一致性而牺牲可用性，或者提高可用性而弱化一致性。这为我们提供了一种新的思路，即在一个节点众多的大型网络中，要确保一定可用性，那么只有降低一致性的要求。

综上所述，满足区块链系统需求的共识算法是一个支持拜占庭故障容错、具备较高可用性的一致性算法。

验证共识算法的正确性重要假设需满足四个条件：

第一，终止性，描述了算法必须在有限时间内结束，不能无限循环下去。

第二，一致性，描述了我们期望的相同决议。

第三，合法性，是为了排除进程初始值对自身的干扰。

第四，诚实性，是为了区分对“拜占庭故障”的容错。满足这个条件才能达成共识的算法设计是“非拜占庭容错”共识算法；不满足这个条件也能达成共识的算法，为“拜占庭容错”共识算法。

任何有用的分布式算法还涉及生存性（liveness）和安全性（safety）两大属性。终止性属于生存性（liveness）属性，而一致性和诚实性则属于安全性属性。如果按一致性强弱来区分的话，一致性算法可以分为强一致性、弱一致性和最终一致性三类。

第一，强一致性是指系统中的某个数据被成功更新后，后续其他系统或进程等任何对该数据的读取操作都将得到更新后的值。这种一致性要求是对用户最友好的，即用户进行上一次的数据操作后，下一次就保证能获取最新的操作结果。强一致性的常用算法包括 Paxos、PBFT、RAFT 等。

第二，弱一致性是指系统中的某个数据被更新后，系统不承诺立即可以读到最新写入的值，也不会具体承诺多久之后可以读到，但会尽可能保证在某个时间级别之后，可以让数据达到一致性状态。

第三，最终一致性是弱一致性的特殊形式，系统保证在没有后续更新的前提下，最终返回上一次更新操作的值。在没有故障发生的前提下，不一致窗口的时间主要受通信延退、系统负载和复制副本的个数影响。最终一致性的常用算法包括工作量证明、权益证明、委托权益证明等。

弱一致性无法确定最终状态，所以难以应用于区块链系统。在同等节点规模和网络通信条件下，最终一致性算法的可用性远高于强一致性算法。因此，大规模的公有链系统一般采用最终一致性的共识算法，如工作量证明等，而小规模的联盟链和私有链则考虑采取强一致性算法，如 PBFT 等。

所有的区块链共识机制是分布式一致性算法中满足拜占庭故障容错（BFT）需求的一个分支，其又分为强一致性和最终一致性两大类别，前者常用于私有链和联盟链，后者用于公有链。

第五节　合约层安全

合约层又称“扩展层”，其在区块链的基础功能之上，通过二次开发或编程来提供扩展性功能，通过定制化脚本编程，使区块链系统能够适应更多的应用场景及需求。然而，这种额外的“可编程能力”也为区块链安全带来了额外的挑战。

总的来说，合约层涉及以下三大部分：

第一，合约脚本：又称智能合约或链上代码，是指针对区块链系统二次开发出来的定制化脚本。

第二，合约语言：指对区块链进行二次开发时所采用的编程语言。

第三，运行环境：指合约脚本所需的执行环境。不同区块链合约层采用的运行环境、合约语言各不相同。

包括比特币在内的数字加密货币大多采用非图灵完备的简单脚本语言来编程控制交易过程，安全相对可控。而新一代区块链则引用了更为复杂和灵活的、具备图灵完备性的脚本语言，这也为安全性带来了更多的挑战，需要引入更多的安全机制。

一、比特币的合约层安全

比特币设计了一种简单的、基于堆栈的、从左向右处理的脚本语言作为其合约语言。一个比特币脚本本质上是附着在交易上的一组指令的列表。这些指令包括入栈操作、堆栈操作、有条件的流程控制操作、字符串接操作、二进制算术和条件、数值操作加密和散列操作、非操作（0xh0…0xb9）以及一些仅供内部使用的保留关键字等。这些指令，可以促成两类比特币交易验证脚本，即锁定脚本和解锁脚本。二者的不同组合可在比特币交易中衍生出无限数量的控制条件。其中，锁定脚本是附着在交易输出值上的“障碍”，规定以后花费这笔交易输出的条件；解锁脚本则是满足被锁定脚本在一个输出上设定的花费条件的脚本，同时它将允许被消费。

举例来说，大多数比特币交易采用接收者的公钥加密和私钥解密，因而其对应的P2PKH（pay-to-public-key-hash）标准交易脚本中的锁定脚本即使用接收者的公钥实现阻止输出功能，而使用私钥对应的数字签名来加以解锁。此外，在比特币改进协议 BIP#16 中，还定义了一种新的交易 P2SH（pay-to-script-hash），可以通过定制比特币脚本实现更灵活的交易控制。例如，通过规定某个时间段（如一周）作为解锁条件，可以实现延时支付；通过规定接收者和担保人必须共同私钥签名才能支配一笔比特币，可以实现担保交易；通过设计一种可根据外部信息源核查某概率事件是否发生的规则，并使其作为解锁脚本附着在一定数量的比特币交易上，即可实现博彩和预测市场等类型的应用；通过设定 *N* 个私钥集合中至少提供 *M* 个私钥才可解锁，可实现 *M*–*N* 型多重签名，即 *N* 个潜在接收者中至少有 *M* 个同意签名才可实现支付，多重签名可广泛应用于公司决策、财务监督、中介担保甚至遗产分配等场景。

但是，这些脚本指令完全针对比特币交易的场景而设计，其功能严格受限：只有交易，没有消息和状态；没有循环；不保存任何数据；不能得到交易和区块链信息；封闭运行，运行时不能从外部获得数据作为输入；没有调用接口。由于脚本语言极其简单，比特币系统没有针对脚本的运行环境做隔离，而是让脚步模块和其他模块运行在相同的环境中。同时，比特币合约脚本本身，也作为一段数据，附着在比特币交易记录中，由整个区块链确保其可靠和可信。

综合来看，比特币脚本系统是非图灵完备的，其中不存在复杂循环和流控制，这样在损失一定灵活性的同时能够极大地降低复杂性和不确定性，并能够避免无限循环等逻辑炸弹造成拒绝服务等类型的安全性攻击，其逻辑上更加可控，因而也更安全。

二、以太坊的合约层安全

以太坊是第一个实现真正意义上"智能合约"的区块链系统。如果说比特币是利用区块链技术的专用计算器，那么以太坊就是利用区块链技术的通用计算机。以太坊设计了多种支持图灵完备的高级脚本语言，允许开发者在上面开发任意应用，实现任意智能合约。

Serpent、Solidity、Mulan 和 LLL 等几种高级语言可编译为统一的 EVM 字节码，其运行环境为以太坊虚拟机（EVM）。然而，以太坊作为一个在大范围内复制、共享账本的图灵完备状态机，能让世界上任何购买以太币的人上传代码，然后网络中的每一个参与者都必须在自己本地的机器上运行这段代码，这确实是会带来一些明显的与安全性相关的忧虑。毕竟，其他一些平台也提供类似的功能，这包括了 Flash 和 Javascript 等，它们经常碰到“缓冲区溢出攻击”“沙盒逃逸攻击”以及大量其他的漏洞，让攻击者可以做任何事情，甚至包括控制你的整台计算机。除此之外，还会有拒绝服务攻击强迫虚拟机去执行无限循环的代码。

由以太坊智能合约图灵完备性带来的系统复杂性，导致其需要面对挑战巨大的安全性问题。以太坊引入了多种安全技术来解决一系列的安全问题，创设了一个相对安全、可控的运行环境，并设计了 gas 机制来有效防范无限循环攻击。此外，针对合约脚本安全性问题，采取了多种措施：首先，引入人工审计和标准化工作来防范程序员作恶；其次，引入一种强类型要求的编程语言来防范程序员出错；最后，将引入形式化验证（formal verification）技术实现自动化审计，提高安全审计效率和效果。但从实际情况来看，要确保以太坊合约层的安全性还任重而道远。

（一）EVM 安全设计

EVM 的架构是高度简化和受限的，以确保虚拟机的高度安全性。与访问系统资源、直接读取内存或与文件系统互动的操作代码（opcodes）在 EVM 的设计规格中是不存在的。与此相反，唯一存在的“系统”或“环境”操作代码是与以太坊“状态”里定义的架构进行互动的，如虚拟机内存、堆栈、存储空间、代码以及区块链环境信息（如时间戳）。目前，EVM 已经具有 6 个不同语言的实施版本，并经历了深度的安全性审计和超过 50000 的单元测试，以确保相互兼容和执行结果的确定性，使其具备一定的安全基础。

（二）防范无限循环攻击

一般来说，任何图灵完备的编程语言在理论上都是会碰到“停机问题”的，即不可能预先确定给定程序在给定的输入值下运行是否会出现停机问题。

简单来说，以太坊采用了较为复杂的“汽油”（gas）机制来抑制：交易的发送者定义他们授权代码运行所需的最大计算步数，然后为此支付相应比例的以太币。在实际中，不同的操作过程需要耗费不同的 gas 数量，这些耗费的标准不仅是基于执行每一种操作过程所需的运算时间，还包括如全节点储存以及内存耗费等考量因素，所以，gas 并不只是一个用于统计运算步数的标准。不过，可初步认为 gas= 计算步数，以便于理解 gas 的用途。

若在执行交易的过程中 gas 被耗尽了，如超出了其允许的最大计算步数所需的预算，则交易的执行会被回滚，但交易还是正确的（只是不再有效了），发送者照样要付相应的费用。因此，交易的发送者必须在下面两种策略之间进行取舍：设置一个更高的 gas 限额，这样可能会支付更高的交易费；设置一个较低的 gas 限额，这样可能创建出一个会被回滚的交易，接着以一个更高的限额重新发送一遍。

合约之间通过消息进行交互，而消息本身也可以设置 gas 的限额，因此可以让一个合约与其他合约进行互动，而无须担心其他合约会无节制地消耗自己合约里的 gas。这个机制已经被密码学学者安德鲁・米勒（Andrew Miller）及其他人审查过了，其结论是这个机制确实能实现逃过停机问题的目的，并以经济学的方式分配运算能力，不过在某些边缘案例中激励机制可能不是一个最优解。

（三）合约脚本的安全性

在传统互联网应用中，由于普遍采用中心化服务器 + 客户端的模型，如果应用出现安全隐患只需要对服务器端代码进行修改就可以轻松解决，并且服务器端可以对用户数据进行回滚以挽回用户损失。因此，传统互联网应用开发的过程较为注重快速迭代，以牺牲安全性换取效率和功能上的快速升级。在区块链应用中，由于区块链的不可篡改性，智能合约一旦上线并出现安全隐患，对用户造成的损失是巨大且不可挽回的。一旦出现黑客事件，需要整个社区的共识才能回滚交易，所以每次遭受攻击都回滚交易也是不现实的。合约脚本的安全性变得尤为重要。

区块链之所以有颠覆性技术的头衔，智能合约及相关技术扮演了极其重要的角色，可以说智能合约就是区块链技术的核心。有了智能合约，商业网络生态圈企业间的业务及 IT 治理才得以实现，同时，原来不信任的个体之间可以去信任地完成在现在看起来几乎不可能的事情。

智能合约的安全性是确保区块链系统正常运行的先决条件。然而，目前的智能合约并非那么完美，还达不到人们的期望，很多合约中都被发现有安全性漏洞，主要包含以下三种类型：

第一，代码层面漏洞，主要包括合约语言语法问题、整数算术运算溢出、时间戳依赖性等。

第二，调用层面漏洞，主要有信息（如密钥）泄露、越权访问、拒绝服务、函数误用等。

第三，逻辑层面漏洞，主要是合约设计时的逻辑缺陷。

对于程序员作恶或程序员出错导致的合约脚本安全性问题，以太坊提供了多种解决方案。

1. 方案一：引入审计和标准化

在以太坊中可明确区分两类代码，即纯粹由智能合约的集合构成的应用程序核心，以及由 HTML 和 JS 代码组成的应用界面。

一方面，让核心代码变得可信。要求核心必须尽量精简，经过深入的审计和审查。大多数情况下，可以针对常用的场景而创建标准化合约，并让这些合约接受来自第三方审计人员的深入检查，而基于这些标准化合约形成合约模板，可以大幅度降低使用安全合约的门槛。

另一方面，不过分信任用户界面。由于用户界面可能包括大量的代码，其可信度难以控制。一种解决思路是，让以太坊用户界面去保护用户，以免他们受到来自作恶的交易界面的损害。例如，通过强制性弹出一个对话框或其他形式，通知用户“你是否想将带有这些数据的一个交易发送到这个合约里”，来获得用户真实确认。

2. 方案二：引入强类型要求的编程语言

这种高级编程语言可以提前检查出一些代码问题，在很大程度上避免程序员出错。这类语言可以更丰富地指定每一种数据的含义，并自动防止数据被以明显错误的方式组合起来（如时间戳加上了一个货币价值，或由区块哈希值分割的地址）。

3. 方案三：引入形式化验证

形式化验证（formal verification）指的是用数学中的形式化方法对算法的性质进行证明或证伪，本质是数学与推理逻辑，是将严格的数学逻辑推理运用于各种软 / 硬件系统开发、协议的描述以及安全特性的验证过程。目前为止，形式化验证主要应用在军工、航天等对系统安全要求非常高的领域，在消费级软件领域几乎没有应用。

目前，针对智能合约安全问题的应对方式主要有两种：合约代码的测试和审计。这两种方式能够在一定程度上有效地规避大部分的安全问题，但是同时也存在着一定的局限性。合约测试安全团队开发自动化测试工具，自动生成大量的测试用例来进行测试，检测在尽量多的条件下，合约是否能够正确执行。但由于测试用例无法保证 100% 覆盖所有的情况，所以，即使测试结果没有发现问题，也不能保证合约在实现过程中一定没有漏洞。合约安全审计人员从代码实现和业务逻辑等多个角度对合约源码进行审计。尽管安全审计可以发现并规避大部分常见的漏洞和风险，但由于审计一定程度上依赖于审计人员自身的经验和主观判断，并不能 100% 完全杜绝安全风险和漏洞。同时，人工审计的过程也会消耗大量的时间成本，因此机器审计的加入也是必要的。

早在 2016 年 ACM 研讨会上，微软研究院公布了他们的最新成果——用一种用于程序验证的功能性编程语言，勾勒出一个可用来分析和验证 Solidity 合约的运行安全性和功能正确性的框架程序。以太坊开发团队正在将形式化验证引擎 Why3 整合到 Solidity 脚本语言中，让用户可以在 Solidity 程序里面插入与某种数学论点有关的证据，并在编译的时候进行验证。此外，以太坊还有一个正在开发的项目，目的是将 Imandra 整合到以太坊虚拟机的代码里。

形式化验证是一项强大的技术，但该技术在智能合约中的应用尚处于一个较为初级的阶段。人们对公平和正确性的定义往往是非常复杂的，而由此带来的复杂影响往往是很难检测和验证的。例如，撮合交易场景中常见的买卖单系统通常需要遵循一定的原则或规定，包括交易原子性原则（系统按用户所出价格拍下订单，或者系统把钱返还给用户）、顺序不变性原则（防止提前交易或抢单）、最佳原则（确保每一个买家和卖家都能与最佳的对手匹配上）以及其他规则。不幸的是，这并不能简单地将所有的情况都列举出来，也无法确保没有任何遗漏的事项。现在看来，选择验证的用例仍是一项难题。

因此，研究人员应考虑是否将人工智能技术与形式化验证结合起来。基于静态代码分析与 AI 相结合的智能合约安全审计策略研究是人工智能技术引入相关行业的一次大胆尝试。整合与改进现有策略有助于改善现阶段智能合约审计工具的自动化程度等性能，具有一定的积极作用。总的来说，形式化验证技术肯定会降低攻击者们进行攻击的自由度，让对代码进行审计的人员降低负担。

综上所述，方案一更多地依靠人工和流程来防范安全性问题；方案二和方案三更多地提供更好的希望，不过实现起来更复杂，同时更依赖于某种复杂的工具，其效果还有待进一步验证。

三、超级账本 Fabric 的合约层安全

超级账本是 Linux 基金会旗下的开源区块链项目，而 Fabric 子项目则是其中影响最大的许可型区块链（permissioned blockchain）的通用底层基础框架。在 Fabric 中，其智能合约被称为链码（chaincode），实质是在验证节点（validating peer）上运行的分布式脚本程序，用以自动遵循特定的业务规则，最终更新账本的状态。

Fabric 的智能合约分三种类型：公开合约、保密合约和访问控制合约。公开合约可供任何一个成员调用，保密合约只能由验证成员（validating member）发起，访问控制合约允许某些经过批准的成员调用。

Fabric 的智能合约服务为合约代码提供安全的运行环境以及合约的生命周期管理。在具体的实现过程中，可以采用虚拟机或容器等技术构造安全、隔离的运行环境。目前的 Fabric 版本，主要依托 Docker 容器技术进行隔离，构造出相对安全的运行环境。

Fabric 的智能合约语言直接采用已被广泛使用、具有图灵完备性的高级编程语言，如 Go 和 Java 等，而没有重新定义新的语言，也没有采用额外的安全机制。但考虑其作为一个许可型区块链，每个合约提交者身份都是经过身份验证和互相了解的，其安全性问题较小。

四、智能合约安全之 The DAO 事件分析

The DAO 本质上是一个风险投资基金，是一个基于以太坊区块链平台的众筹项目，可将其理解为完全由计算机代码控制运作的类似公司的实体。通过以太坊筹集到的资金会锁定在智能合约中，每个参与众筹的人按照出资数额获得相应的 DAO 代币（token），具有审查项目和投票表决的权利。投资议案由全体代币持有人投票表决，每个代币一票。如果议案得到需要的票数支持，相应的款项会划给该投资项目，投资项目的

收益会按照一定规则回馈众筹参与人。

2016 年 6 月，the DAO 事件轰动一时，其原因是黑客利用合约代码中的 splitDAO 方法漏洞，不断从项目的资产池中分离出 the DAO 资产并转到黑客自己建立的子 DAO。按照当时的以太币交易价格，市值近 6000 万美元的资产被转移到了黑客的子 DAO 里。

The DAO 攻击事件不意味着以太坊乃至区块链的终结。虽然教训深刻，但如果能够吸取教训，那么从中获益的不仅仅是 The DAO，以太坊乃至整个区块链社区都将从中获益。2019 年是区块链行业发展的转折年，随着数字资产市场逐渐转冷，区块链项目开始出现明显分化，这些都是行业泡沫逐渐稀释的现象。我们也越来越应该意识到，除了发币之外，区块链技术需要更多的应用场景来证明自己的价值。

总之，区块链行业发展、应用场景增多使得智能合约的安全问题成为区块链产业的一大重点。未来，人们在不断提高对区块链的理解和认知的同时，也要对智能合约的安全漏洞加以防范。

第六节　应用层安全

区块链应用系统上层应用界面是直接面向用户的，必然涉及大量的用户信息、账户余额、交易数据等多种重要的敏感信息，因此安全性要求较高。与常规 IT 信息系统不同的是，大多数区块链应用都涉及数字资产或代币等高价值信息，因而对身份认证、密钥管理等安全性有较强的要求。私钥是用户操作区块链中数字资产的唯一凭证，因而围绕私钥的保护是重中之重。

一般而言，用户通过“数字钱包”来管理私钥，并完成对区块链资产的操作，而数字钱包的私钥生成方式、私钥存储方式以及安全性增强功能是决定“数字钱包”安全与否的重要依据。

2014 年 2 月，昔日最大的比特币交易所日本的 MtGox 因为安全问题而倒闭。2014 年 3 月，全球第三大比特币交易平台 Vircurex 遭受两次黑客攻击后，因“冷钱包”耗光而倒闭。2016 年 8 月，最大的比特币兑美元的交易平台 Bitfinex 因对“热钱包”管理不当，导致价值 7500 万美元的比特币被盗。由此可以看出，对数字钱包的保护非常重要。

一、数字钱包的多种分类方式

第一，按私钥生成的方式的不同可分为：伪随机数生成器（PRNG）钱包、真随机数生成器（TRNG）钱包。

第二，按存储方式的不同可分为：冷钱包、热钱包。前者离线，后者在线。

第三，按存储介质的不同可分为：PC 钱包、手机钱包、纸钱包、在线钱包、专有硬件钱包等。

第四，按区块同步的不同可分为：重钱包、轻钱包、在线钱包。

第五，按功能特性的不同可分为：分层确定性钱包（HD wallets）、多重签名（multisig）钱包、智能钱包等。这些并不指特定的钱包，而是指钱包可以支持一些安全性增强功能特性，以帮助用户来平衡安全性和易用性。

在选择数字钱包时，可以考虑如下这些因素：

第一，随机数很重要。可以说，随机数是比特币密码学安全之本。短短几年的比特币历史中，有过多次随机数问题导致损失的情况。

第二，用于日常支付的小额数字资产可以存储在热钱包。

第三，大额数字资产应存储在冷钱包以确保安全，并且应考虑适当监控和验证方案。

第四，私钥应该进行合理的备份。对于冷钱包来说，如果存储的币较大，甚至还应考虑异地灾备，以确保即便是在特殊情况发生时，数字资产仍然安全。

第五，优先考虑支持安全性增强功能的数字钱包，包括 HD 钱包、多重签名钱包、智能钱包等。

总的来说，在区块链应用中，用户私钥就是身份，用户私钥就是数字资产的钥匙。围绕用户私钥的保护，以及针对管理私钥的数字钱包的保护，是所有区块链应用层安全方面的重中之重。

二、私钥的安全性

数字货币的应用在人类历史上第一次通过技术彻底地、纯粹地保障了“私有财产神圣不可侵犯”，而这一切都建立在如何妥善地保管私钥的基础之上。在数字货币世界中，私钥即财富。为确保私钥安全，先要做好备份，做到防盗、防丢、分散风险。

由于私钥的保管方式不同，其表现的形态也不一样。以以太坊为例，目前常见的私钥形态包括以下几种。

（一）私钥（private key）

私钥就是一份随机生成的256位二进制数字，甚至可以用硬币、铅笔和纸来随机生成私钥。例如，掷硬币256次，用纸和笔记录正反面并转换为0和1，随机得到的256位二进制数字即可作为私钥。这256位二进制数字就是私钥原始的状态。

（二）密钥库（keystore）和口令（password）

以太坊官方钱包在初始化时需要设置一个password。此后，所有的私钥与公钥都将以加密的形式保存为一个JSON格式的文件，每个文件就是这一对密钥的keystore。在数字钱包备份时，需要同时备份keystore目录下所有的文件和对应的password。

（三）助记码（mnemonic code）

助记码由比特币改进提案（bitcoin improvement proposal）BIP-0039提出，目的是通过随机生成12～24个容易记住的单词，单词序列通过PBKDF2与HMAC-SHA512函数创建出随机种子，该种子通过BIP-0032提案的方式生成确定性钱包。如此，记住12～24个助记码后，就相当于记住私钥。助记码要比私钥更方便记忆和保管。目前，支持助记码的钱包有imToken和jaxx等。BIP-0039定义助记码创建的过程是：①创造一个128～256 bit的随机序列；②对随机序列进行SHA256哈希运算，截取哈希值前几位作为该随机序列的校验和；③把校验和加在随机序列的后面；④把顺序分解成11位的不同集合，并用这些集合去和一个预先已经定义的2 048个单词字典作对应；⑤生成一个包含12～24个单词的助记码。不同私钥形态可采用不同的保管方式，如电子文件、口令、纸质、特制硬件等多种方式。

三、伪随机与真随机

按私钥生成的方式，可以将比特币钱包分为两类：一类是使用密码学安全的伪随机数生成器（PRNG）生成私钥，另一类是使用真随机数生成器（TRNG）生成私钥。下面以比特币的数字钱包为例来进行说明。

（一）使用密码学安全的伪随机数生成器（PRNG）生成私钥的钱包

由于真随机数生成器需要采集环境中的熵，需要额外的“成本”，主要的比特币钱包都采用了密码学安全的伪随机数生成器来产生私钥。无论是电脑端的 Bitcoin-core（之前被称为 Bitcoin-qt）、MultiBit、Armory，或是手机端的 Bitcoin-Wallet，还是诸如 Blockchain.info 这样的在线钱包，都要依赖于内核态或应用态的伪随机数生成器。

应用态随机数生成器通常基于内核态系统函数进行更高级别的封装，而这种封装往往有可能会引入新的密码学安全问题。历史上很多次随机数问题基本上都发生在应用态的随机数生成器上。因此，安全专家通常会建议开发者使用内核态的随机数生成器。

（二）使用真随机数生成器（TRNG）生成私钥的钱包

受“成本”和用户体验方面的限制，当前有两种采用真随机数生成私钥的钱包解决方案：一种是开源比特币钱包 bitaddress.org，提供了一个可以离线运行的单文件、全功能的网页钱包；另一种是比太钱包发布的真随机数解决方案——极随机（XRANDOM）。

智能手机等终端设备的感应器模块非常多，如照相机、传声器、重力感应、地磁感应、光线感应等，能够采集丰富的、高品质的环境噪声（熵），这使得廉价的、方便的真随机数解决方案成为可能。毫无疑问，从“随机性”的角度来看比特币安全性，“真随机”优于“内核态伪随机”更优于“应用态伪随机”。

四、冷钱包和热钱包

按私钥的存储方式来划分，也可以将比特币钱包分为两大类：冷钱包和热钱包。

（一）冷钱包

“冷”即离线、断网。也就是说，无论是否对私钥进行了加密，私钥存储的位置都不能被网络所访问。常见的冷钱包方案包括：电脑冷钱包，在“冷”电脑上存储私钥的钱包，如比特币钱包 Armory；手机冷钱包，在“冷”手机上存放私钥的钱包，如比太冷钱包；纸钱包，将私钥打印或手抄在纸张上；硬件钱包，用专门硬件来单独存储私钥，已经有很多公司在设计专有的比特币硬件钱包，如 Pi-Wallet、Trezor、BitSafe、HardBit、KeepKey 等。其中，安全性最好的是硬件钱包，它具有以下几个重要的特征：

1. 私密性

私密性指别人无法窥探你的钱包，也无法偷偷从你钱包中拿钱。

2. 可控性

可控性指钱包只在使用的时候被打开，不会自己悄悄打开。

3. 感知性

感知性意味着有形，体积小，可随身携带。

4. 便捷性

便捷性指随时随地打开钱包就可以用钱。

5. 可恢复性

可恢复性指丢失钱包后可以通过冗余系统的备份恢复里面的资产。

6. 安全性

安全性指非钱包拥有者因为没有二级验证信息而无法使用钱包等。

冷钱包通常意味着私钥与交易的分离，因为交易是在比特币 P2P 网络上传播的，不分离则无法做到私钥和网络的隔离。如果要监控和花费上面的比特币资产，则需要额外的辅助手段，而无论这种手段是去中心化的或中心化的，都不影响“冷”这个本质。

例如，如果要花费 Armory 冷钱包上的比特币，需要通过 U 盘复制文件的方式在冷热钱包间进行通信；如果要花费比太冷钱包上的比特币，则需要在比太冷热钱包间通过扫描二维码来完成交易的签名和发布；对于纸钱包来说，可能需要先将私钥导入其他钱包再开始使用。一旦完成私钥导入之后，该私钥便存在泄漏等安全隐患，其“冷”性质将无法保证。

（二）热钱包

“热”即联网，即私钥存储在能被网络访问的位置。常见的热钱包方案包括：电脑热钱包，在“热”电脑上存储私钥，如 Bitcoin Core、

MultiBit 等；手机热钱包，在“热”手机上存储私钥，如 Bitcoin Wallet（私钥与交易在一起）和比太热钱包；在线钱包，在网站上存储加密私钥，如 Blockchain.info 等。

虽然从易用的角度来看，热钱包优于冷钱包。但是从安全的角度来看，冷钱包优于热钱包。冷钱包的安全性主要体现于避免丢失，防止被盗取；热钱包的安全主要依赖于其运行的环境。

第一，电脑钱包要依赖于电脑操作系统（Windows、Linux、MacOS 等）的安全。

第二，手机钱包要依赖于移动操作系统（iOS.Android 等）的安全。

第三，在线钱包除依赖于操作系统的安全外，还要依赖于浏览器的安全。

保护热钱包就是保护其运行环境，防止木马、病毒、黑客入侵和钓鱼邮件，用户可综合考虑选择满足自己需求的数字钱包，在易用性与安全性之间找到平衡。

五、其他功能性钱包

（一）分层确定性钱包

HD 钱包，全称为分层确定性（hierarchical deterministic）比特币钱包，又称 BIP32 钱包，其最早在比特币改进提案 BIP-0032 中提出。其原理本身很简单：首先，要用一个随机数来生成主（根）私钥，这同任何一个比特币钱包生成任何一个私钥没任何区别；其次，再用一个确定的、不可逆的算法，基于主私钥生成任意数量的子私钥。相比传统的比特币钱包，HD 钱包的优点如下：备份更容易、私钥离线存放更安全、权限可控制、具备记账功能。

（二）多重签名钱包

为了加强数字资产的安全性并配合某些应用场景使用，出现了需要多方私钥签名才可使用钱包的策略，因此可将钱包分为单签名钱包和多签名钱包。多重签名方案是防止个人手机或者其他设备遭受恶意软件攻击的一个保护方案，这些恶意软件可能会在用户不知情的情况下收集重要信息，如用户比特币钱包私钥。

多重签名可以提供更好的安全性。例如，可以两个人共同完成第三方支付：第一个人产生交易，而第二个人授权支付。只有两人同时签名，交易才会被执行并完成支付，任何人都不能单独完成交易支付。允许个人用户实施双因子验证（two factor authentication，2FA），即一个密钥在用户计算机，而另一个密钥在智能手机。在这种情况下，只有在同时持有两个设备的密钥时，比特币才能被支出。这样一来，即使用户计算机被黑客攻击，为了完全控制钱包，攻击者还需要入侵智能手机。这种方法虽然并不完美，但是大幅度提高了攻击难度，相比现有的单个签名方式要安全很多。

（三）智能钱包

智能钱包就是将可编程的智能合约延伸到数字资产上，通过合约脚本来约束各种交易和支付的执行条件。

比特币系统支持基于多重签名的交易合约，是一种简单的“智能数字钱包”。例如，用户有 5 把私钥分散保存，只需要集齐其中的 3 把就可以使用资金。而以太坊通过支持图灵完备的合约编程语言，可以做得更精细化。例如，用户有 5 把私钥，集齐 4 把可以花全部资金，如果只有 3 把则每天最多花 10% 的资金，只有 2 把就只能每天花 0.5% 的资金。一方面，通过分散保存多个私钥，可防止被黑客全部盗取；另一方面，用户即使丢失单个私钥，也可逐步将其中的资金转移到另外一个钱包中，而不用担心资金的损失。

随着近年来行业的发展，市场上出现的钱包产品越来越多，使用的技术、策略以及侧重的功能点都不相同。过于复杂和混淆的分类方式反而成了新用户开始接触数字货币的最大门槛。我们应努力让数字货币更简单、更容易理解的同时更安全、更易用，而不是用那些更复杂的、更含混不清的概念来把新用户吓跑，这才是数字货币未来的希望。

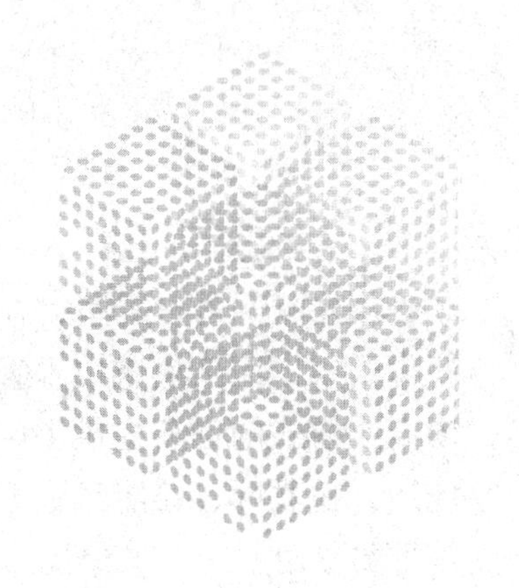

第八章　基于区块链架构的商业应用

在互联网的世界里，在大数据的时代下，商业模式是价值载体，创新是根本，而区块链技术吸引了各行各业的高度关注，区块链商业应用为商业模式的创新提供了巨大想象空间。结合大数据时代，区块链在供应链、物联网、智能经济等领域将发挥数据管理、数据存储、隐私防护等重要作用。

第一节　热点技术：数字资产管理

关于资产管理，最为前卫的词语要属“数字资产管理”，数字资产逐渐被人们熟知和应用。应用区块链中的去中心化、共识机制与分布式账本等技术，可让资产管理变得更加安全和有效。

一、实物资产、权益资产以及数字资产

资产指任何公司、机构和个人拥有的任何具有商业或交换价值的东西。在了解区块链在资产管理中的应用之前，需先区分以下三个概念。

（一）实物资产

实物资产（real assets）是指经济生活中所创造的用于生产物品和提供服务的资产，是创造财富和收入的资产，为经济创造净利润。它包括土地、建筑物、知识、用于生产产品的机械设备和运用这些资源必需的技术工人。

（二）权益资产

权益资产（equity assets）是对证券发行公司在偿付债务后的收益进行分配的收益索取权和对公司经营决策的投票权，通常以股票的形式表示。其中，索取权被称为剩余索取权。

（三）数字资产

数字资产（digital assets）是指企业拥有或控制的，以电子数据的形式存在的，在日常活动中持有以备出售或处在生产过程中的非货币性资产。

数字空间的无限扩展性、无限复制性、多维塑造性可能意味着在这里面蕴藏海量待开发的财富，而这些新财富的表现形式就是数字资产。除数字货币、数字股票、数字债券外，数字资产的形式还有很多，包括所有数字化了的资产，如专利、版权、创意、信用等知识文化资产。

数字资产的出现有利于解决交易麻烦，使交易能够省时间、省成本而其特点主要体现为以下几点。

1. 互动性强

即使是最简单的应用软件也有一定的交互功能，如对操作人员的错误做出提示，这是 IT 行业产品最基本的优越性体现。

2. 数量上无限

数字资产作为资产是稀缺的（因为并不是所有的企业或个人都能创造出数字资产），但它的供应可以是无限的。有形资产由于企业财产和存储空间的限制，总是有限的。

3. 成本递减

有形资产的生产成本与生产数量成正比例关系递增。数字资产的成本主要是在前期的研究开发阶段以及在销售过程中产生的销售费用和其他经营费用。由于数字产品产量的无限性，其开发成本按传统财务会计的方法被分摊到产量上，也因此数字产品的成本随着销售量的不断扩大成本越来越低。

二、数字资产的属性与资产数字化的原因

这里先要定义数字资产的属性，还要明确资产数字化的原因。

（一）数字资产的属性

数字资产是一段计算机程序，所以人们可以对它进行编程，且资产之间的交换是代码与代码之间的交换。

数字资产是登记在区块链账本或分布式账本上的资产，确权还在讨论

中，而那些登记在工商局的股权、登记在房产局的房产一定不是数字资产。

随着数字技术应用的不断扩展，特别是区块链技术的应用升级，传统资产数字化程度不断提高，数字资产的内涵和外延迅速扩展，其中金融、知识文化等领域可率先实现高度资产数字化。

数字货币等数字资产跨越了资产证券化的阶段，直接达到了资产货币化的阶段。

（二）资产数字化的原因

为什么要进行资产数字化？这要从以下三个不同的视角进行解答。

1. 个人

对于个人来说，进行数字资产配置，主要是想获得超出预期的回报，而且实物资产和权益资产配置的弊端使个人越来越重视数字资产管理。

2. 企业

对于企业来说，进行资产数字化是降低成本和提高效率的最优方案。实际对于隐私文件，可用技术手段进行加密保存，而且数字化的资产也便于企业进行管理。当大资管时代来临，资产管理需要面对的资产类成千上万，涉及大量的计算，仅靠人工将无法完成。

3. 社会

对于社会而言，资产数字化是大势所趋。

“BAT”帝国在互联网的数字经济中一飞冲天，近年的滴滴、美团、P2P 借贷等都离不开两个关键词——资产流通、共享经济。资产流通最便捷的办法，毫无疑问就是将资产数字化，而共享经济的本质是通过智能数字化的方式更加便利地进行资源共享，通过技术手段来减少资源浪费并降低成本。

三、区块链数字资产时代

在资金安全方面，区块链能够通过对钱包多层加密，将资金离线存储于银行保险柜，并且使资金由第三方托管，平台不触及用户资金，以全方位确保用户资金安全。

在区块链时代，经济革命最根本的意义是人类资产被数字化了，而人类正在从实物资产、权益资产时代向数字资产时代过渡，区块链技术为未来财富增长和财富管理提供了一条全新的路径。

在互联网上产生的数据无法作为资产，是因为传统技术无法为它确权或者确权的成本过高，而区块链技术可以实现数字资产确权。

第二节　虚拟变现实之物联网

区块链技术不仅将深刻地影响资产管理领域，在物联网领域也将起到革命性的作用。

一、互联网的延伸——物联网

早在 1999 年，美国麻省理工学院的教授就提出物联网的概念，2003 年，美国《技术评论》提到物联网将是改变人类生活的首要技术。

在 2005 年的信息社会世界峰会上，国际电信联盟发布了《ITU 互联网报告 2005：物联网》，正式提出了“物联网”的概念，并且描绘了物联网广阔的市场潜力，在社会发展、人类日常生活方面有巨大影响。

物联网（internet of things，IoT），顾名思义，就是物物相连的互联网。这句话有两层意思：其一，物联网的核心和基础仍然是互联网，是在互联网基础上延伸和扩展的网络；其二，其用户端延伸和扩展到了任何物品与物品之间，主要进行信息交换和通信，也就是物物相息。

物联网的应用很广泛，如通过智能感知、识别技术与普适计算等通信感知技术广泛应用于网络融合，也因此其被称为继计算机、互联网之后世界信息产业发展的第三次浪潮。在如今这个信息时代，物联网无处不在。物联网具有实时性和交互性的特点。

以数字家庭为例，如果简单地将家庭里的消费电子产品连接起来，那么只是一个多功能遥控器控制所有终端，仅仅实现了电视与电脑、手机的连接，这并不是发展数字家庭产业的初衷。

物联网的介入能够将家庭设备与外部的服务连接起来，真正实现服务与设备互动，如在办公室指挥家庭电器的操作运行，使得下班回家的途中，家里的饭菜已经煮熟、洗澡的热水已经烧好，同时使个性化电视节目会准点播放、家庭设施能够自动报修、冰箱里的食物能够自动补货等。

所以，借助物联网，可以对城市管理、数字家庭、定位导航、现代物流管理、食品安全控制以及数字医疗等领域的信息进行大数据整合，从而为生活、生产、服务扩展新的空间。

二、物联网的局限与不足

物联网在得到了广泛应用的同时，也随之出现了很多问题。

（一）成本问题

中心化数据中心基础设施建设和维护的成本将会非常巨大，而且很可能还难以应付物联网数据的指数增长。

同时，大量的数据需要实时通过网络传递到数据中心并接受交互指令，而无论是信息传送、处理还是存储，都会面临持续增长的巨大压力。

（二）安全问题

在互联网时代，著名的蠕虫病毒曾经在一天内感染了25万台计算机。而物联网领域的安全性更加重要，物联网领域的安全性问题主要体现在以下两方面。

1. 数据传输的安全问题

目前的物联网架构基本都是封闭式的，虽然一个物联网系统的设备之间可以形成互联，并且也利用了互联网传输数据，但架构并不是开放式的，不同的物联网系统之间很难实现有价值的互联互通。这里面一个很重要的原因，就是一个物联网的数据害怕被非法篡改或者因交互而丢失。

而排查数据丢失的问题节点，对于物联网来说是很大的挑战。以前对于中心化的数据库来说，由于一个网络里的节点较少，因此中心能够很容易找出一个出问题的节点。如今对于一个节点数以亿计的网络而言，这是一个难以完成的事情。

2. 保护系统的安全问题

在物联网领域，目前的中心化服务构架下，所有的监测数据和控制信号都由中央服务器存储和转发。

中央服务器收集所有的摄像头传输过来的视频信号、麦克风录制的通话语音，甚至用户的精细数据，而这些信息都将汇总到中央服务器，并且通过中央服务器转发的信号还可以控制家庭中门窗、电灯和空调等设备的开关，直接影响着用户的日常生活。

如果不法分子通过攻击物联网家用设备这些薄弱环节来侵入家用网络，进而侵入计算机来盗取个人数据，将会造成严重的后果。

（三）隐私问题

有些人认为，物联网的发展将会带来一些涉及隐私的问题，如信息采集的合法性问题、公民隐私权问题等，也就是可能当你在智能身份证或者智能手机卡上存入你的一切信息，在全世界任何一个读卡器上都能随便读取你的信息。

隐私泄露的隐患还可能体现于以下两个方面。

第一，政府安全部门可以通过未经授权的方式对存储在中央服务器中的数据内容进行审查。

第二，运营商也很有可能出于商业利益的考虑将用户的隐私数据出售给广告公司进行大数据分析，以实现针对用户行为和喜好的个性化推荐。

这些行为其实已经危害到物联网设备使用者的基本权利。可见，如何保护用户的隐私也是物联网应用中很大的挑战。

综上所述，使用物联网技术的时候，该如何有效应对海量的并且可能是非标准的数据，如何能够在物联网数据里保障数据安全和个人隐私、公司机密，这些都是物联网发展过程中必须面对和解决的问题。

三、区块链技术中的物联网

了解区块链技术中的去中心化、共识机制以及分布式结构，有助于解决物联网存在的问题。

（一）区块链有效解决成本问题

物联网记录和存储的信息都会汇总到中央服务器，而目前数以亿计的节点将产生大量的数据，且未来这些信息将越来越多，这将导致中心不堪重负，难以进行计算和有效存储，运营成本极高。

另外，智能设备的消费频次太低，一般来讲，物联网设备，如门锁、LED 灯泡、智能插板等可能要数年才换一次，这对设备制造商来说是个难题，大量物联网设备的管理和维护将会给运营商和服务商带来巨大的成本压力。

区块链技术可以为物联网提供点对点直接互联的方式来传输数据，而不通过中央处理器、这样分布式的计算可以处理数以亿计的往来，而更多的小物联网可以通过区块链网络组成更广泛的、多维的物联网，降低数据运输、数据存储等的成本。

除此之外，还可以充分利用分布在不同位置的，数以亿计的闲置设备的计算力、存储容量和带宽，用于处理交易，也可大幅度降低计算和存储的成本。

（二）区块链有效解决安全性和隐私性问题

物联网安全性的核心缺陷是缺乏设备与设备之间相互的信任机制，所有的设备都需要和物联网中心的数据进行核对，一旦数据库崩塌，会对整个物联网造成很大的破坏。

区块链为物联网提供了点对点直接相互联系的数据传输方式，让整个物联网不需要引入大型数据中心进行数据的同步和管理，而是由区块连网络自行完成分布式物联网的管理，将所有数据保存在区块链中。

应用区块链特有的数据加密保护和验证机制对数据进行保护，可保证数据不可篡改，最终保障物联网可信的数据来源、高效的数据传输、安全的数据存储。

同时，区块链分布式的网络结构提供一种机制，使设备之间保持共识，无须与中心进行验证，这样即使一个或多个节点被攻破，网络体系整体的数据依然是可靠、安全的。

四、区块链技术中的物联网案例

现如今，很多成熟的技术公司和初创公司一直在探索利用区块链技术的解决方案。这里介绍四个案例。

（一）IBM

IBM（国际商业机器公司）是最早宣布区块链开发计划的公司之一，并且在多个不同层面已经建立了多个合作伙伴关系，展现了他们对区块链技术的钟爱。

IBM 曾发表过一份报告，指出区块链可以成为物联网的最佳的解决方案。在 2015 年 1 月，IBM 宣布了一个项目——ADEPT 项目，即去中心化的 P2P 的自动遥测系统研究项目。

ADEPT 平台主要由以太坊、Telehash、BitTorrent 组成，Telehash 使用了共享分布式的私人信息传递协议，终端可以是设备、浏览器或者移动应用，BitTorrent 应用了共享技术，用来进行文件共享和数据移动，保证了 ADEPT 的分散化。

（二）Filament

Filament 是一家物联网初创公司，该公司提出了他们的传感器设备，它允许以秒为单位快速地部署一个安全的、全范围的无线网络，设备不仅仅能够直接与其他的 10 英里（约 16 千米）内的 TAP 设备通信，还可以直接通过手机、平板电脑或者 PC 端来连接。

为了确保交易的可信度，该公司还将区块链当作了基础的技术堆栈操作，可以使 Filament 设备独立处理付款，同时允许智能合约确保交易可信。

（三）Ken Code ePlug

ePlug 是 Ken Code 的一款产品，而且根据 Ken Code 的白皮书可知，ePlug 是一个小型电路板。

若要保证安全性与可靠性，该产品提供了可选的 Meshnet、分布式计算、端到端的数据加密、无线连接、定时器、USB 接口、温度传感器、触觉传感器、光线和运动传感器等。

ePlug 以基于区块链的登录方式来确保安全，输入正确的网络地址或 URL 时，ePlug 所有者会看到一个登录界面，而很多区块链平台将会被用作登录到 ePlug 的身份验证。

（四）Tilepay

Tilepay 为现有的物联网行业提供一种人到机器或者机器到机器的支付解决方案。

Tilepay 是一个去中心化的支付系统，它基于区块链技术，且能被下载并安装到个人电脑、平板电脑或者手机上。所有物联网设计都会有一个独一无二的令牌，并用来通过区块链技术接收支付。

Tilepay 还将建立一个物联网数据交易市场，使用户可以购买物联网中各种设备和传感器上的数据，并以 P2P 的方式保证数据和支付的安全传输。

第三节 区块链助力共享经济

区块链技术中的智能合约有助于解决共享经济中存在的问题，而共享经济与区块链可谓是当下最热门的两种前沿科技。

共享经济是近年来兴起的一种商业模式，指能让商品、服务、资源及人才等通过一定的共享渠道重新配置的一种社会经济体系，是大数据时代的新产物。

区块链技术是一种底层技术，它拥有分布式账本技术，有加密算法，有共识机制，有点对点网络，有激励机制等。区块链通过分布式的节点支撑起真正的点对点沟通，可做到去中介化的信任。

区块链的出现将会对共享经济的发展和完善提供极大的帮助。

一、共享经济存在的问题

共享经济，一般是指以获得一定报酬为主要目的，发生于陌生人之间且存在物品使用权暂时转移的一种新的经济模式，特点是把原先所有权明确的、闲置的、非标准化的零碎资源映射为标准数字化的互联网信息来分享和整合，并且将这些互联网信息充分地调动起来。

共享经济要实现真正的共享，离不开两项关键的基础设施：①低成本的信息流通（互联网）；②掌控和保护用户数据。

移动互联网让行为和需求数据第一次可以精准定位到个人，且常年在线的方式让数据有了即时的特性。

互联网与数据的结合，相当于在网络数据空间复制了一个和现实世界实时对应的信息世界，而在信息世界，每个用户的信息和需求独立组成个体特定需求构建成的映射网络。

通过对互联网数据的研究，能否将每一条需求和供给相连成单链，能否让每一条单链实现互联互通，是共享需要面对的问题。

传统模式下，数据本身具有被垄断性和不真实性。在此状况之下，如何让数据成为一种全社会范围的、真实的公用资源是有待解决的问题。

因为只有公开性的、真实性的数据才能带来数据革命，所以从某种意义上来说，共享经济就是数据革命的形式之一。

二、区块链技术与共享经济

我们知道，区块链技术是伴随加密数字货币逐渐兴起的一种去中心化基础架构与分布式计算范式，以块链结构存储数据，使用密码学原理保证传输和访问的安全性。数据存储受到互联网多方用户共同维护和监督，具有去中心化、透明公开、数据不可修改等显著优点。

同时，区块链技术通过在网络中建立点对点之间可靠的信任，去除价值传递中介的干扰，既公开信息又保护隐私。

对于共享经济的两项关键要求——低成本的信息流通（互联网）和对用户数据的掌控，区块链技术都可以提供有效的帮助，具体主要有两个途径：①数据公开透明，为共享经济提供信用保障；②催生智能合约，为共享经济提供解决方案。

（一）数据公开透明，为共享经济提供信用保障

区块链本身即为一个大型海量数据库，记录在链上的所有数据和信息都是公开透明的，任何节点都可以通过互联网在区块链平台进行信息查询。

任何第三方机构都无法对记录在区块链上的已有信息进行修改或撤销，这样便于公众监督和审计。

这种体现为“公正性”的技术优势，使得区块链技术能够运用到共享经济当中，能够为形成以用户体验为核心的信用体系提供保障。

（二）催生智能合约，为共享经济提供解决方案

智能合约（smart contract）这个术语至少可以追溯到1995年，是由多产的跨领域法律学者尼克·萨博（Nick Szabo）提出来的，他在发表在自己的网站的几篇文章中提到了智能合约的理念。尼克·萨博对智能合约的定义如下：“一个智能合约是一套以数字形式定义的承诺（promises），包括合约参与方可以在上面执行这些承诺的协议。”

若是将智能合约与区块链相连接，那么，智能合约可以让区块链在安全、互信的基础上完成满足特定条件的交易。智能合约的抽象概念是

在个人、机构和财产之间形成关系的一种公认工具，是一套形成关系和达成共识的协定。

从本质上讲，智能合约如同计算机编程语言中的 if–then 语句，一旦预先定义的条件被触发，合约就会智能执行，对数字财产进行交换。

以为房屋而设计出的数字保障智能合约为例，根据智能合约设计策略，完善房屋抵押品协议，以便其更充分地嵌入处理合约条款；根据合约条款，这些协议将使加密密钥完全控制在具有操作属性的人手中，而此人也将正当地拥有该房屋；最简单的，为了防止偷窃，使用者需要完成正确的解锁过程，否则房屋将切换至不可使用状态，如门禁失效和设施失效等。

若将智能合约运用到共享经济中，则是运用智能合约的三点核心技术：①不可篡改；②去中心化；③不依赖第三方。

智能合约这三点特性能够解决合约双方的信任问题，即区块链本身每个有效的区块（网络节点）对于共享经济来说就是一个独立的用户，而区块链的大型维护节点对于共享经济来说就是平台方。

区块链的智能合约由合约双方或多方进行确认、实施和强制执行，对于共享经济项目来说，就是在“共享”的执行前、中、后三个阶段进行约束，消除共享事件中的不信任因素。

可以说，基于区块链技术的智能合约系统兼具自动执行和可信任性双重优点，使其可以帮助实现共享经济中的诸如产品预约、违约赔付等多种涉及网上信任的商业情景，同时大范围内实现共享。

第四节　全球智能经济的兴起

人工智能需要的数据往往被中心化平台垄断，阻碍了创新，从这方面看人工智能是有缺憾的。区块链可以给人工智能提供数据市场，而人工智能可以监管区块链的运营是否合规。

可以说，人工智能和区块链是互利共生的关系，这两种技术的复杂程度不一样，商业意义也不一样，但如果能将两者整合在一起，那么整个技术可能将会被重新定义。

一、区块链与人工智能的共生

人工智能是计算机科学的一个分支，它企图了解智能的实质，并生产出一种新的，能以与人类智能相似的方式做出反应的智能机器，该领域的研究包括机器人、语言识别、图像识别、自然语言处理和专家系统等。

人工智能是个能激发想象力的词，但它还可以被叫作“计算机模拟”或者“机器学习”。为什么人工智能有这两种叫法？可以从它的本质上进行分析。

第一，计算机模拟。人工智能是让新算法能够通过大量数据分析来形成，这是计算机模拟的含义。

第二，机器学习。人工智能是让机器能够通过数据来学习形成新的知识，这是机器学习的含义。

一个合理的类比是，算法和计算能力形成了新的发动机（引擎），而数据是这个发动机的燃料，它们结合在一起形成源源不断的新动力能源，但是，人工智能还存在一些数据管理方面的问题。

区块链是分布式网络中由各方共享的安全分布式数据库，其中交易数据可以记录下来，易于审计。简而言之，区块链就是一种“让互不相识的人信任共同记录事件的技术”，具有去中心化、共识、分布式技术的特征。

那么，区块链与人工智能之间存在什么联系呢？

在上文说过，人工智能又叫“机器学习”，它主要的应用是“机器学习”，而区块链解决的是机器间的“信任”与“协调”问题。

可以说，人工智能侧重于决策、评估和理解某些模式和数据集，最终产生自主交互，而区块链关注的是保持准确的记录、认证和执行，两者之间是可以共生的。

如果说人工智能是机器的平行世界中的“自学习”，那么，称区块链是平行世界中的“自组织”也是合理的。

二、人工智能将改变区块链

区块链存在一些局限，人工智能将会在某种程度上影响区块链，这里，从三个视角进行分析：①电力消耗；②系统的可伸缩；③缩减效率。

（一）电力消耗

区块链中的“挖矿”是一项极其困难的任务，需要大量的电力以及金钱才能完成。人工智能已经被证明是优化电力消耗的有效手段，有些技术人员认为类似结果也可以在区块链方面实现，这一技术的实现，可能会带来挖矿硬件方面的投资下降。

（二）系统的可伸缩

中本聪提出可以进行“区块链修剪”，如删除已完成的消费交易的数据，作为可能解决方案，但是 AI 可以引入新的去中心化学习系统，或者引入新的数据分片技术来让系统更加高效。

（三）缩减效率

世界四大会计事务所之一的德勤进行过估算，区块链验证和共享交易的总运行成本大概是每年 6 亿美元。

一个智能系统可能计算出一个特定节点，且要让这个特定节点成为第一个执行特定任务的节点，让其他矿工可以选择放弃针对该特定交易的努力，从而削减总成本。

效率的提高有助于降低网络时延，从而让交易变得更快。

三、区块链将改变人工智能

根据区块链与人工智能的共生关系，区块链也能够对人工智能产生影响，这里我们看看会产生什么样的影响。

（一）帮助人工智能解决数据安全问题

区块链的去中心化与分布式结构，使区块链可解决人工智能存在的数据共享、数据安全等问题。

在数据共享方面，区块链本身是一个价值传输协议，促进各个企业共享数据并互换价值。我们可以去激励这种行为，促使更多有价值的数据产生。

在安全方面，把数据放到区块链上让它拥有一个身份，就可以让数据产生信用值，然后利用安全的数据可以产生更安全的决策。

（二）提高人工智能的有效性

安全的数据共享意味着更多的数据，然后就会有更好的模型、更好的行动，从而促进高效率工作。

（三）增加对人工智能的信任度

解决机器间信任问题的方式跟信息技术有关，其实便是引入区块链这种去中心化账本的模式。

有了基于去中心化的账本，若是我们将部分任务交给自动虚拟代理，区块链清晰的审计跟踪将可以促进机器与人相互信任。

四、自动驾驶与区块链技术的碰撞

和“区块链”一样，“自动驾驶”也是一个火爆的词语和领域，众多公司纷纷加入了研发自动驾驶的大军，而保时捷也成为其中的一员。

2018 年，保时捷与德国柏林的初创企业 XAIN 合作，在车内测试区块链，具体的区块链技术体现在以下两方面。

（一）远程快速解锁车辆

区块链技术应用于车辆，通过手机 App 为车辆上锁、解锁仅需 1.6 秒。在这种方式下，车辆成为区块链系统中的一环，用车数据传输将无须再绕行服务器，线下数据即可直接连接车辆，而这种方式要比正常解锁的速度快 6 倍。

（二）第三方临时授权

当需要为他人授予车辆访问权限时，用户通过手机 App 就可完成相应的操作，并且能够了解车辆的一切活动信息，进行远程控制。而实现这一场景则是利用了区块链技术的信息开放性，区块链这一技术可以确保所有用车活动信息记录在案、无法修改，且可以随时查看。

除此之外，区块链技术对未来自动驾驶的研发也能起到推动作用。相关研究表明，车辆行驶过程中的区域路况等数据，可与其他车辆安全共享，所以车主可以充分利用受保护的群体数据来提高驾驶安全与效率。

基于此，除了保时捷之外，Vectoraic（以色列的初创企业，该公司生产的是全球唯一的、基于人工智能技术的区块链式路面交通管理系统）公司的创始人 Aviram Malik 介绍的 Vector 技术是很好的案例。

Vector 技术的革命性在于可以通过接收传输设备，如移动电话、传感器和摄像机的数据，来感知、预测风险区域并发送可能发生碰撞的预警信号。

充分利用区块链技术，在无任何硬件、宽带和通信设备的情况下也就可以将物体探测出来，搜集物体的信息，进而通过人工智能的计算，远距离向自动驾驶汽车提出警告。

最重要的是，Vector 技术利用区块链技术，所有汽车的驾驶数据都被记录在区块链中，不可篡改，这有利于解决交通道路事故的责任认定问题。

第五节　立体供应链结构

据统计，供应链是仅次于金融服务的第二大应用领域。

一、供应链的局限性

供应链的概念从扩大的生产（extended production）概念发展而来，供应链是指商品到达消费者手中之前，各相关者的连接或业务的衔接，是围绕核心企业，通过对信息流、物流、资金流的控制，从采购原材料开始，制成中间产品以及最终产品，最后由销售网络把产品送到消费者手中，将供应商、制造商、分销商、零售商直到最终用户连成一个整体的功能网链结构。

这个整体的功能网络结构的核心就是主体之间建立信任，协作协同，使原本各自为战的企业形成链条，对离散的链上信息进行收集整合。

在供应链链条上，资金流、信息流、实物流交互运行，协同难度极高，若是仍然依靠单一链主，那么核心企业就无法应对现今多元化、快速发展的市场需求，从而导致以下三方面的问题。

（一）信息不对称和不透明

传统的供应链中，核心企业虽然作为链主存在于整个供应链管理体系中，但因其对供应链上下游的掌控范围有限，所以出现了信息不对称和不透明问题。

（二）供应链难以管理

基于传统的供应链，核心企业管理向上下游延伸难度同样大。

（三）供给与需求不协调

传统的供应链中，核心企业对供应链上实物流、信息流和资金流的合理整合难以保证，导致管理能力和需求不对称，进而导致供给与需求不协调。

供应链中信息不对称、信息不透明、供给与需求不协调等问题，在“星巴克与咖啡农场主”关系中得到了最好的说明。

咖啡豆的销量不错，非洲种植咖啡豆的小型农场主想要扩大他的农场，但却不行，因为他必须要给进出口公司最合适的条款，进出口公司要给加工商最合适的条款，而加工商又要给星巴克最合适的条款。

星巴克也许可以只用 3% 的利息就能获得 10 亿美元的贷款，但是，咖啡豆农场主用 20% 的利息才能拿到 500 美元的贷款。

然后，星巴克可以投资只需要 100 万美元首付的产品，并且有 10% 的回报率。但是，咖啡农场主却拿不到足够多的资金去扩大生产，虽然咖啡豆农场主可以去抵押贷款，但若是利息过高，也会给咖啡豆农场主带来资金压力，同时如果信息不透明，提供贷款的主体也可能会产生咖啡豆农场主是否能按时还贷款的怀疑。

最终导致的结果是所有的资产都在星巴克那里，虽然小农场主有资产增值的潜力，却没有获得资金的能力。

某种程度上来说，这种情况会改变的，越来越多的公司正在找外包公司或者在线自由职业市场。但是，寻找供应链中部分环节的这个方式却要比整体经济增长慢很多，因为大公司常常掌握更多的资本，他们的做法普遍是用最便宜的资产去购买中小公司，然后低效地使用它们。中小公司想要获得资本，在销量不好的时候采取降低咖啡豆的收购价格也是一个办法。

所以，咖啡豆农场主想要获得的资金，需要经过大公司、中小公司，才能真正到达手中，而贷款也是很困难的。

二、区块链弥补供应链

区块链提供的信任协作机制，为解决供应链的多方协作等问题提供了可靠的技术支撑。

以下将从区块链的三点技术特征出发，具体分析区块链为供应链带来的革新。

（一）块链式数据存储

供应链更多强调的是数据的深度保存和可搜索性，保证能够在过去的层层交易中追溯所需记录，其核心是为每一个商品找到出处。

区块链技术的特征，即使供应链中涉及的原材料信息、部件生产信息、每一笔商品运输信息以及成品的每一项数据以区块的方式在链上永久存储。然后，就可以根据链上记录的企业之间的各类信息，轻松地进行数据溯源。

于是，通过区块链数据存储的方式，区块链的框架满足了供应链中每一位参与者的需求：录入并追踪原材料的来源；记录并追溯产品的出处。

（二）数据防篡改

在传统的供应链中，数据多由核心企业或参与企业分散孤立地记录保存在中心化的账本中，当账本上的信息不利于其自身时，就存在账本信息被篡改的风险。

引入区块链技术，在区块链的数据上加盖时间戳，能够保证包括成品生产、存储、运输、销售及后续事宜在内的所有数据信息不被篡改。

数据不可篡改，能够降低企业与用户之间信息的不对称，从而降低企业间的沟通成本。

（三）基于共识的透明可信

区块链系统的共识机制在去中心化的思想下解决了节点间相互信任的问题，使得众多的节点能在链上达到一种相对平衡的状态。

区块链解决了供应链中在不可靠的信道上传输可靠信息、进行价值转移的问题，而共识机制解决了如何在供应链这种分布式场景中达成一致的问题。

在“共识机制”下，企业和企业、企业与用户之间的运营遵循一套协商确定的流程，而非依靠核心企业的调度协调，由于信息足够透明，彼此之间可以建立足够的信任。

还以咖啡豆农场主为例，区块链的使用，使中小企业与咖啡豆农场主之间的信息相对透明，也抹平了现有资金和价值资产之间的空缺，这会给咖啡豆农场主带来可以接受的利率，从而获得资金。

咖啡豆农场主如果购买新的设备，产量可以增加 30%，但是咖啡豆农场主没有资本来投资这些设备。在这种情况下，咖啡豆农场主可以选择用现在的农场资产作为抵押，在区块链上进行借贷，因为咖啡豆农场主将抵押的资产放到区块链上时，会有很多去中心化的节点来维护这个账本，提供贷款的主体就再也不需要第三方的信任。

那么，咖啡豆农场主就能够买新的设备，增加产量，用增加的利润来支付贷款，而区块链的透明性也为投资方减轻了风险，他们会在区块链上清楚地看到星巴克来购买这些咖啡豆的订单。由于风险相对较低，他们也能以较低利率借出资金。

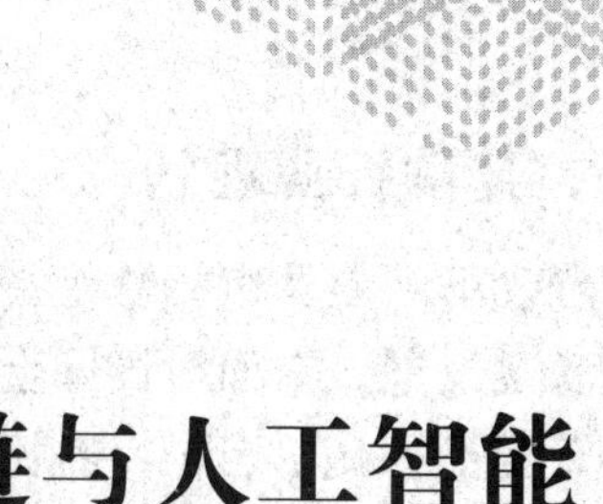

第九章　区块链与人工智能融合的行业应用

第一节　区块链与人工智能在金融行业的应用

一、金融行业现状

随着改革开放及市场化经济等政策方针的不断深化，我国金融行业得到了长足发展，在面对国际金融危机及促进国内经济增长过程中起到了至关重要的作用。目前，我国已经形成了包括银行、保险、信托、证券、租赁等功能的综合性、商业性、多角色分工合作的金融生态。随着金融市场和监管政策的不断开发，金融行业正朝着健康、有序的方向发展。随着互联网、人工智能及区块链技术的快速发展，我国金融行业也呈现出多种发展路线，政策引导及行业趋势使金融行业不断拓宽范围，形成了智能金融、互联网金融、供应链金融、金融科技等多种发展方向。

智能金融即将人工智能技术与金融行业相融合，以优化算法、大数据分析、云计算等高新科技为核心要素，全面赋能金融机构，提升金融机构的服务效率，拓展金融服务的覆盖范围及纵深，使大众都能获得平等、高效、专业的金融服务，实现金融服务的智能化、个性化、定制化。智能金融基于不断成熟的人工智能技术在金融行业的应用，逐渐获得了金融行业的认同，其具体应用包括以下几个方面。

（一）智能获客

智能获客是以大数据为基础，通过数据分析和特征提取技术对金融用户进行画像，并通过建立不同需求的响应输出模型，从而极大地提升获客效率。对于垂直创业企业来讲，获客成本至关重要。随着互联网的快速发展，市场流量竞争愈演愈烈，流量获取成本大大提高，严重限制了中小型企业的发展。智能获客通过人工智能技术进行场景创新，形成了新型的低成本获客模式，将智能技术与产品运营相结合，而不是进行粗暴的流量买卖，在提高获客效率和精准度的同时，也为中小型创业企业提供了良好的发展环境。

（二）身份识别

以人工智能为核心，通过活体识别、图像识别、语音识别、光学字符识别（OCR）等技术手段，对用户身份进行验真，可以大幅度降低核验成本，提高身份核验效率。

（三）大数据风控

大数据风控是指结合大数据分析、云计算、智能分析算法，搭建反欺诈、信用风险评估模型，从多维度、全方位控制金融机构的信用风险和操作风险，即通过海量数据优化风险评估模型的方法找到模型最优配置参数，从而对借款人进行风险控制和风险提示，同时避免资产损失。传统的风控技术多由各机构自己的风控团队以人工的方式进行经验控制。但随着互联网技术的不断发展，整个社会发展大力提速，传统的风控方式已逐渐不能支撑机构的业务扩展。而大数据对多维度、大量数据的智能处理，批量标准化的执行流程，更能贴合信息时代风控业务的发展要求。

（四）智能投顾

智能投顾是指基于大数据和算法能力，对用户与资产信息进行标签化，精准匹配用户与资产。智能投顾又称为机器人理财（robo-advisor），是基于客户自身理财需求，通过数据分析和搜索算法来替代人工完成以往的理财顾问服务。根据投资者提供的风险承受能力、收益预期目标以及个人风格偏好等要求，运用一系列智能匹配算法及投资组合优化理论模型，为用户提供最终的投资参考，并根据市场的动态对资产配置再平衡提出建议。目前，智能投顾主要包括智能选基金、智能调仓、智能服务等业务。

（五）智能客服

智能客服是在大规模知识处理的基础上发展起来的一项面向行业的应用，它是大规模知识处理技术、自然语言理解技术、知识管理技术、自动问答系统、推理技术等的结合体。智能客服具有行业通用性，不仅为企业提供了细粒度知识管理技术，还为企业与海量用户之间的沟通建立了一种基于自然语言的快捷有效的技术手段。此外，智能客服还能够为企业提供精细化管理所需的统计分析信息，拓展客服领域的深度和广度，大幅度降低服务成本，提升服务体验。

（六）金融云

金融云服务旨在为银行、基金、保险等金融机构提供 IT 资源和互联网运维服务。依托云计算能力的金融科技，为金融机构提供了更安全高效的全套金融解决方案。我国有大量城镇银行在 IT 和互联网方面较为薄弱，因此在网上支付以及和支付宝对接的过程中会遇到各种困难。在接入金融云服务后，银行可以用较低的成本实现在线支付和网上银行。

二、金融行业的痛点

互联网的爆发为人工智能提供了数据支撑，云计算技术的成熟为人工智能落地提供了肥沃的土壤。海量数据的不断涌入为我们提供了幸福的烦恼，那就是数据的准确性和可信性无法得到保障。数据的真实可靠是人工智能技术的根本要素，如果人工智能建立在一个无法构建信任的数据平台上，那么起到的很有可能是适得其反的作用。由于涉及经济资产问题，在智能金融行业中如何保证数据的真实可靠性问题将被放大，数据的不准确将导致智能获客、身份识别、金融风控、智能顾投等多项业务瘫痪。尤其是身份识别、金融风控和智能顾投等业务直接关系到人民的生命财产安全，其瘫痪将导致智能金融的全面信任危机。在数据安全方面，由于采用传统的中心化系统导致受攻击的风险巨大，无法保证数据的安全性和完整性将导致智能金融发展面临巨大的威胁。

三、应用方向

（一）智能金融信任平台

区块链是一种分布式数据库技术，具有防篡改、可追溯等作用，在智能金融领域具有确保数据的真实完整性以及分布式数据处理等优势。智能金融以人工智能、大数据及云计算为主要依托。其中，大数据是智能金融的核心，云计算则是智能金融的实现工具。利用区块链的分布式数据存储技术，可以确保海量数据的难以篡改和可追溯性，在确保数据准确性的同时实现了智能金融的精准定位，打造了金融信任平台。区块链技术在智能投顾、风险控制和智能获客等场景具有较大的发挥空间。例如，智能顾投可以利用区块链技术进行数据存储和处理，在确保数据完整性和安全性的同时，利用分布式网络结构实现数据并行处理，提高了数据的安全性和处理效率。在风险控制方面，区块链技术可以提高风控数学模型的准确性，提供更有效的风控服务。在智能获客方面，区块链技术可以更准确地提供用户信息画像，为用户提供准确的匹配服务，提高业务效率。

（二）智能供应链金融

供应链金融是银行围绕核心企业，管理上下游中小企业的资金流和物流，并把单个企业的不可控风险转变为供应链企业整体的可控风险，通过立体获取各类信息将风险控制在最低的金融服务。供应链金融为供应链末端中小型企业的融资提供了重要的保障和支撑。在供应链金融领域，利用区块链技术防篡改、可追溯的优势打造智能供应链金融，不仅降低了银行的放贷风险，还为企业提供了有力的信任凭据。区块链的分布式数据存储可以保留完整供应链条中所产生的数字凭据，而且保障了账本的可追溯、透明、防篡改。银行、供应链平台方可以利用账本中的数据构建供应链企业信用评级模型，通过多维度数据训练并完善模型，为供应链企业提供完整、合理的融资评级指标。

第二节　区块链与人工智能在工业互联网的应用

一、工业互联网现状

工业互联网是“工业 4.0”的核心基础，它是借助局域网络、移动互联网、互联网等通信技术，将感知设备、控制逻辑模块、机器、人员和物品等通过新的方式联在一起，形成人与物、物与物相连，实现信息化、远程管理控制和智能化的网络，从而最大限度地提高机器效率以及整个工作的吞吐量。随着智能制造战略的持续升温以及企业转型的不断深入，互联网在工业转型中的应用价值愈发凸显。企业已经清楚地认识到，要想实现智能化决策和自动化生产，离不开人、机、物的全面互联互通。当前，工业物联网已成为政府、制造业企业、互联网公司、物联网公司、电信运营商、IT 和自动化厂商等各方关注的焦点。

工业互联网体系架构可分为四层：实体层包括各类智能产品及嵌入式软件和芯片等；传感层是物联网的皮肤和五官，用于识别物体和采集信息；网络层是物联网的神经中枢和大脑，用于信息传递和处理；应用层是物联网的“社会分工”，即与行业专业技术及需求实现深度融合，最终实现行业智能化。在物联网各层之间，信息不是单向传递的，也有交互、控制等，所传递的信息多种多样，其中关键是物品的信息，包括在特定应用系统范围内能唯一标识物品的识别码和物品的静态与动态信息。

工业互联网的关键技术包括传感器技术、微型化、人工智能、低功耗与能量获取技术、信息与通信技术、计算机网络技术、工业组网技术、网络管理与系统运维技术、信息处理技术、海量信息处理、实时信息处理及安全技术等。近几年，互联网技术已经应用于各行业的生产流程以及制造业的产业结构调整中，促进了各个工业企业在节能减排、提高生产效率、提升生产效益等方面的改善。在应用上，通过对终端数据的采集及分析，可以帮助企业分析各类设备或产品的状态，实现对异常状态的预警或报警，从而实现预测性维护，避免非计划停机；还有助于帮助企业改进产品性能、降低能耗、保障安全等。

二、工业互联网的痛点

对于大多数企业来说，尽管工业互联网技术已经存在了数十年之久，但其应用范围仅限于运营活动，数据的潜能没有在企业中得到充分释放。究其原因，主要是工业互联网涵盖领域较多，系统烦琐且复杂，企业缺乏深刻的理解，导致各类系统匆匆上线及形式主义误区。生产设备没有得到充分利用，设备的健康状态未进行有效管理，常常由于设备故障造成非计划性停机，影响生产。企业缺少对生产设备故障的预警机制，对设备的管理仍停留在实时的状态数据监测阶段。一直以来，企业对生产设备的维护都是“闭门造车”。尤其是复杂设备的维护没有结合生产设备厂商以及各方专家的意见，导致设备维护不当，寿命有待延长。在工业物联网中，各个系统之间数据闭塞，企业只能通过传统的手段进行数据交互，因而增加了质量隐患和无价值活动的浪费，并导致生产效率低下，没有形成真正的自动化、智能化监管。随着连接技术、大数据管理、商务分析和云技术的发展，我们现在能够将运营技术与信息技术融合在一起，打造更智能的机器，推动企业实现端到端的数字化转型。

三、应用方向

（一）打破企业内部的“信息孤岛”现象

工厂生态圈是指工厂内部各系统之间的协同与互联，有效地解决了“信息孤岛”问题，充分利用数据，并提高了数据交互效率和各部门协同办公的效率。区块链技术可以将生产控制、生产计划、企业管理、能源管理等各个系统信息融合起来，利用区块链的溯源和难以篡改的特点，保证企业内部各部门的协同办公有迹可循，结合数字签名和智能合约等技术特点为企业内部责任追究提供凭据。同时，传统企业数据集中存储的机制一旦遭遇攻击就会导致数据大量泄露，而基于区块链技术打造的工厂生态圈采用的是分布式账本技术，区别于传统中心化系统结构，将原有中心化数据中心的结构改为分布式数据存储，大大提高了工业互联网的数据安全性和完整性，有效地遏制了企业数据的泄露和恶意篡改问题。

（二）智能化设备管理

基于区块链技术进行企业生产设备的管理，可以有效地监控生产设备的核心参数，并将数据共享到企业相关部门、设备生产商、政府监管部门等机构进行信息汇总和综合评价。同时，区块链技术的本质是分布式数据库，利用区块链技术可以存储关键生产设备的重要参数，形成多冗余、难以篡改、连续的历史数据库，可以对设备进行故障诊断或预警，从而延长设备的使用寿命。传统的工业物联网信息化系统自下而上分为数据层、控制层、业务层以及应用呈现层四部分，我们所指的基于区块链技术的生产设备管理系统应该位于控制层中数据采集监控系统（SCADA）与生产制造执行系统（MES）之间。设备管理系统通过与外部各个节点共享分布式数据库，实现设备的综合管理和智能管理。需要注意的是，现场的工业生产网络应该与实际办公网络进行隔离设置，如果必须进行通信，可以允许开放相应的端口进行限制性通信。

（三）分布式组网

传统的组网模式下，所有设备之间的通信必须通过中心化的代理通信模式实现，设备之间的连接也必须通过网络，因而组网成本较高，而且可扩展性、可维护性和稳定性较差。区块链技术利用 P2P 组网技术和混合通信协议处理异构设备之间的通信，将显著降低中心化数据中心的建设和维护成本，同时可以将计算和存储需求分散到组成物联网网络的各个设备中，有效阻止网络中任何单一节点的失败而导致整个网络崩溃的情况发生。

（四）防止恶意终端设备接入

在工业物联网领域，恶意终端设备的接入已经极大地影响了工业物联网的安全性和工业生产。利用非对称加密原理，为每一个终端设备分发数字证书，为终端设备提供公私钥，在终端设备上传数据时为数据进行编码或加密，在服务器端为数据进行解码并形成终端设备公私钥对应表。没有编码或无法用表中公钥解密的数据将被自动删除或报警，从而提高工业生产的安全性。

第三节　区块链与人工智能在车联网中的应用

一、车联网现状

车联网又称汽车移动互联网，属于物联网范畴，即通过车载定位系统、车载感知系统及车载控制系统形成对汽车运行的全面监测及控制，将 GPS、RFID、传感器、图像采集、视频采集等终端设备通过网络进行连接，在中央处理器中形成数据运算处理和分析控制，最终实现车辆路径优化、实时路况跟踪及车辆运行状态监测预警等功能。随着车联网技术和产业的不断发展，传统的车联网又可分为车内网、车际网和车载移动互联网，按照规定的通信协议及数据交互标准进行无线通信和数据交互，最终形成智能化交通管理、智能动态信息服务和车辆智能化控制的一体化网络。

无人驾驶汽车是车联网与人工智能发展到一定阶段的产物，也被称为轮式移动机器人。它利用车载感知设备采集车辆的基本指标及运行环境，并以车载智能驾驶计算机系统为核心进行信息融合、数据挖掘、智能识别、决策运行，从而控制车辆的转向和速度，自动规划行车路线，达到安全行驶的目的。目前，无人驾驶汽车的应用主要涵盖安全驾驶和自动泊车两方面。我国无人驾驶汽车的研究开始于 20 世纪 80 年代，国防科技大学在 1992 年成功研制出中国第一辆无人驾驶汽车的雏形。2005 年，首辆城市无人驾驶汽车在上海交通大学研制成功。目前，世界上最先进的无人驾驶汽车已经测试行驶近 50 万千米，其中最后 8 万千米是在没有任何人的安全干预措施下完成的。我国的长安、百度等企业的无人驾驶汽车技术已经走在国内研发的前列。例如，长安汽车实现了无人驾驶汽车从重庆出发一路北上到达北京的国内无人驾驶汽车长途驾驶记录。同样，百度汽车在北京的道路上进行了初次无人驾驶汽车的实验并取得了成功。相关技术的快速发展无疑为无人驾驶的未来提供了强有力的技术支持。

二、车联网的痛点

目前，我国车联网技术尚处于起步阶段，主要受限于汽车前装市场发展缓慢，以汽车硬件装配为主的后装机价格较高，性能较差，技术壁垒尚未打通，市场应用模式尚未激发，缺乏成熟的商业模式。车辆网的产业链条都是以车联网服务提供商（TSP）为核心，它上接汽车和车载设备制造商、网络运营商，下接内容提供商，这就造成了较严重的信息不对称问题及产业链服务壁垒。而形成这种模式的原因在于，汽车及车载装备制造商要想实现车联网，就必须与网络运营商合作。而网络运营商方面则需要满足实名制及费用计算等多种必要条件。这就造成了较严重的信息交互障碍，从而限制了车联网的发展。同时，车联网的现状还有两个巨大的问题，一是缺乏清晰的商业模式，二是产业服务单一，会受到移动手机终端的强烈冲击。此外，作为车联网的发展趋势，无人驾驶汽车的普及仍然有很长的路要走，关键技术水平不高、零部件非国产化严重、相关政策法规的完善等问题依然需要解决。此外，GPS 敏感度缺陷和如何应对极寒、道路条件复杂等各种极端环境的影响，也已成为无人汽车的重要发展瓶颈。

三、应用方向

（一）打通产业链数据流

区块链采用分布式数据存储机制，具有可追溯和难以篡改的优势，非常适用于产业链数据的互通互联。而且，利用区块链技术进行数据互通具有较好的扩展性。建立产业链数据互通平台，有助于车联网产业之间进行业务流转和数据存证。汽车生产商与车载硬件生产商可以通过平台与网络运营商进行硬件网络传输的业务交互，改变车联网服务商垄断的现状，并解决网络运营商对实名制及费用计算的要求。

（二）拓展车联网的商业模式

汽车在实际行驶过程中难免会因为某些特殊原因而产生交通事故。如何划分事故责任、如何做到公正裁决等问题需要进一步深入讨论与验证。利用车联网结合区块链技术可以打造汽车运行状态监控平台，平台接入车辆拥有独立的身份证书，车联网技术为状态监控提供海量的汽车运行数据，包括状态参数、传感器所采集的外界环境参数、视频和图像分析的关键结果等。另外，平台将涵盖车辆监管部门、保险公司、汽车生产商等相关机构，其中车辆数据受到监管部门的监管，从而规范驾驶行为；保险公司将根据汽车行驶数据进行事故追责和保险理赔，避免骗保现象；汽车生产商将通过汽车行驶数据监控产品状态，为其研发和生产提供数据支持。

（三）对无人驾驶汽车进行监管

无人驾驶汽车的安全问题一直是大众关注的焦点。从研发测试到投产应用，无人驾驶汽车一直是一个黑盒系统，不受任何监管控制。外界对无人驾驶汽车的测试指标、性能状态都处于未知状态，导致研发过程中出现的纰漏和技术问题没有被及时发现，因而造成了较严重的安全隐患。利用区块链技术分布式存储的特点可以对无人驾驶汽车的生产测试数据进行实时分析和监督，搭建包括监管部门、汽车设备生产厂商、研发测试商等多方在内的联盟区块链数据共享平台。设备厂商可以通过监控元器件关键参数给出设备运行状态建议；监管部门可以实时监控无人汽车研发和测试阶段的关键参数，并进行安全评估，只有达到安全评估标准的样车才能进行路上测试。区块链数据共享平台实现了无人驾驶汽车的透明化，提高了生产研发安全指数。

第四节　区块链与人工智能在医疗行业的应用

一、医疗行业现状

医疗行业主要涉及药品、医疗器械、保健用品、保健食品、健身产品等支撑产业，覆盖面广，产业链长。我国从 20 世纪 80 年代开始实行医疗保障制度改革，逐步建立了包括社会医疗保险、公费医疗、城市医疗救助制度等多种形式并存的城市医疗保障体系。近年来，在政府的大力扶持和推动下，我国医疗卫生行业不断发展并进行了资源整合。随着医疗卫生领域不断进步与完善，结合互联网技术与人工智能技术，我国也在大力推进智能医疗的建设。

智能医疗是医疗与人工智能融合发展的产物，同时融合了物联网技术、计算机信息处理技术、网络通信技术，通过打造智能化医疗信息平台和医疗档案存储平台，实现患者、医务人员、医疗机构、医疗设备之间的互联互动，逐步达到医疗信息化。智能医疗的发展可分为业务管理系统、电子病历系统、临床应用系统、慢性疾病管理系统、区域医疗信息交换系统、临床支持决策系统、公共健康卫生系统七个层次。总体来说，我国还没有建立较成熟的医嘱录入系统（CPOE），主要原因在于临床有效数据的缺失，各大医院与地域的医疗数据标准不统一，加上医疗行业的特殊性导致物联网在医疗行业的应用推进较缓慢。在远程智能医疗方面，我国发展比较快，实现了对病人基本信息、病历信息的实时录入与追踪，打通了医院内部及各大医院之间的数据通路，为远程医疗、重大疾病会诊提供了数据信息及操作平台。移动物联网的发展也为智能医疗提供了更加个性灵活的应用，目前包括通过移动终端整合医疗设备及药品资源、实时病房监控及医疗数据采集等应用发展势头越来越好。

二、医疗行业的痛点

目前，我国医疗行业的最大痛点是医疗资源与就诊患者的严重不匹配。我国仍处于发展中阶段，全国医疗资源分配亟待完善，存在大城市看病贵、小城市看病难的现象。在管理层面，政府对各大医院的监管力度有待加强，医院也缺乏对医护人员的监管力度，导致一些医院在医疗档案管理方面缺乏统筹管理和数据交互，造成了较大的资源浪费。在技术层面，各大医院缺乏实用性强的医疗设备，而且各地区的医疗设备分配不合理现象较为突出。在智能医疗方面，目前我国智能医疗缺乏长期稳定的运作模式以及核心运营平台的集成管理服务。此外，智能医疗系统的安全性及隐私问题也日益突出，医疗水平的不均衡也限制了智能医疗的推广和普及。

三、应用方向

（一）电子病历智能共享

在智能医疗方面，可以通过区块链技术实现个人电子病历的共享平台。如果把病历想象成一个账本，区块链可以将原本掌握在各个医院手上的病历共享出来，患者可以通过共享平台获得自己的医疗记录和历史情况，医生可以通过共享平台详尽了解到患者的病史记录。共享平台为患者建立了个人医疗的历史数据，不论是就医治疗还是对个人的健康规划，都可以通过共享病历平台了解自己的身体状况和就医历史记录。利用区块链技术的加密机制还能够保证共享平台兼顾患者的隐私性和病历数据安全性，患者能够控制自己的病历向任何一方开放，同样也能控制病历的流动方向。

此外，利用区块链分布式数据库的海量数据可以对个人进行健康画像，通过个人健康模型定期提示体检情况及需要注意的饮食。同样，结合电子病例数据库中的治愈情况，不同患者还可以在智能电子病例中寻找合适的医院甚至是医生。

（二）智能处方共享

智能处方共享是指医生在医治患者的过程中可以通过智能处方共享

平台查看相似病情的处方信息，从而达到处方共享的目的。基于区块链技术的智能处方共享平台可以追溯处方来源，同时确保患者不会篡改处方。将药店纳入区块链平台网络中，可以有效确保药品分发透明公开。最重要的是共享平台有利于提高医疗条件不发达或欠发达地区的医疗水平，为患者谋福。尤其在我国中西部偏远地区，患者可以通过处方共享平台得到各大医院对不同病情所开出的处方，从而得到及时的治疗意见。

利用区块链技术实现医院与合作药店之间的连接，可以建立实时处方分发机制，确保医院与药房处方的一致性、完整性。每份处方都具有处方标签，平台对处方重复使用进行严格控制，出现相同处方标签时会全网通知核验，杜绝处方重复使用的乱象。

（三）医疗智能评级

医疗智能评级是指基于区块链技术建立监管部门与各大医院的联盟链医疗平台，对全国各大医院的病例、处方进行监管，有效缩短查询查复周期，并保证数据的完整及透明性。此外，智能评级系统还会借助区块链中各家医院的数据建立医疗评级模型，对三甲及以下级别的医院定期评级，有效避免医院各自为政的现象，有助于提高医疗综合实力。

（四）药品的溯源

区块链技术与物联网技术融合，能够实现对药品全生命周期的追溯。在药品原料采购方面，采用物联网技术，在药品原料采购、运输过程中进行数据采集和监控，并录入区块链分布式数据库进行跟踪。在药品生产制造过程中，通过打通生产制造执行系统（MES）、企业管理系统（ERP）与区块链溯源系统的数据通路，实现生产、销售数据的实时监测和评估，药品溯源系统设有监管节点，所有生产药品需通过监管节点的数字证书签名才能进入市场。在应用端，可以提供用户 App、二维码、微信小程序等追溯媒介，使用户能够灵活、便捷地溯源药品的全流程数据。

第十章　区块链技术在高校学生管理中的模型建构

高校学生档案是记录高校学生在校的学习、生活、奖惩等情况的材料，在高校学生管理中具有举足轻重的地位。针对现有的高校学生档案信息存在的真实性、有效性、安全性难以保证等问题，本节提出了基于区块链技术的高校学生档案管理系统。该系统利用区块链技术的分布式存储、去中心化、数据不易篡改、共识认证、可追溯的特性，通过智能合约对档案数据进行链上存储，可以避免档案信息受到人为攻击和篡改，确保了信息的真实性、可追溯性和安全性，为后期的使用提供了有效的保障。

一、区块链技术基础

（一）区块链技术

区块链本质上是一种分布式数据库，是为网络中所有节点共同维护和共享信息的公共账本。区块链是由多个区块连接而成的数据结构，区块与区块之间通过哈希值首尾衔接，紧密相连，每个区块都写满了交易记录，链中每条记录都是公开透明且不能修改的。

每个区块由区块头和区块体组成，区块体是由交易数据构成，区块头由版本号、上一个区块的哈希值、默克尔根、时间戳、难度系数和随机数组成。其中，上一个区块的哈希值字段用于保存上一个区块的哈希值，使区块之间能够实现连接；默克尔根是由相应区块中所有交易的哈希值迭代计算出的，保证区块中数据不被篡改，且可方便地验证某笔交易是否存在该区块中；时间戳表明该区块的生成时间，无法篡改；难度系数和随机数用于共识机制中，保证数据在全网的一致性。

（二）共识算法

共识算法是区块链的灵魂，主要是确保分布式系统不会因为某个节点的问题而出现数据安全问题，常见的共识算法有 PoW、PoS、DPoS、dBFT 等。

在每个区块被加入区块链之前，系统中所有节点将共同运行共识算法，根据运行结果得出新区块的记账节点（全节点）。当结账节点所生成的区块数据得到链中一定比例的节点认证通过后，该区块才会记录到区块链上，从而实现区块链中数据的共同维护、不可篡改等特点。该管理系统中，系部主管部门、教务成绩管理部门和高校档案管理部门为区块链中的记账节点，可生成和查询数据。

（三）智能合约

智能合约是用户在特定环境中编写并存储于以太坊网络上的一组代码，合约以特定的二进制格式存在于区块链上，由以太坊虚拟机（EVM）解释执行，并由用户通过地址来调用。智能合约封装了底层的各种复杂行为，允许开发者在上面进行去中心化的各种应用开发。本系统相关的智能合约是在以太坊智能开发平台上实现的。

二、系统模型

本系统将高校学生档案管理与区块链技术相结合，将学生档案数据采用分布式和去中心化存储，系统是在以太坊智能开发平台的基础上运行的，主要功能包括数据上链、数据维护、信息查询授权等，体系结构如图 10-1 所示。

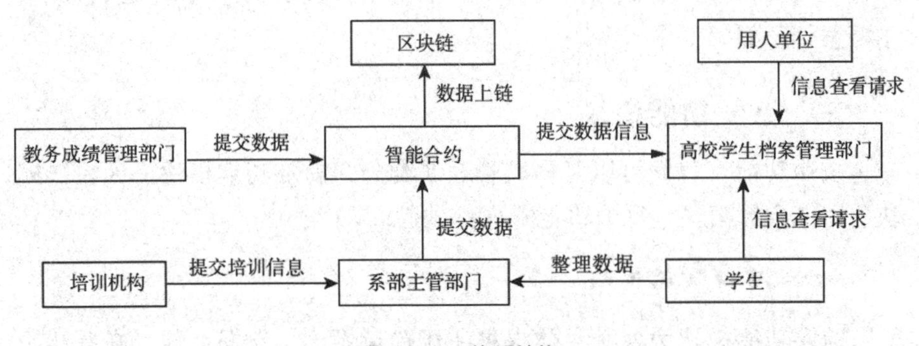

图 10-1　体系结构

该系统中的参与主体主要包括系部主管部门、培训机构、学生、教务成绩管理部门、高校学生档案管理部门和用人单位。系部主管部门、教务成绩管理部门、高校学生档案管理部门以全节点的方式接入区块链，共同维护区块链中的数据，拥有链上数据的读取和写入权限；其他主体只具有提供数据或读取数据的权限。

学生和培训机构通过界面将相关信息上报给系部主管部门，系部主管部门核实上报数据，确定属实后提交上链，系部主管部门也可以把学生的奖惩、表现等相关信息上传至区块链中；教务成绩主管部门将学生的成绩、奖惩等信息上传至区块链中；高校学生档案管理部门主要建立联盟链、监督、核查信息真实性和信息访问授权；用人单位和学生可向学生档案管理部门申请学生信息访问权限。

该系统的特点如下：

（1）保证档案信息的安全性、可追溯性和不可性。档案数据由各个主体共同维护，以区块链的方式存储于各个系部、教务成绩主管部门和高校学生档案管理部门的服务器中，记录了档案中的全部变化，使数据在各主体之间公开透明，区块链的特征保证了信息的安全性、可追溯性和不可篡改性。

（2）提高档案信息的利用价值。用人单位可以向学生所在学校的档案管理部门申请学生信息访问，及时了解学生在校情况，实现对优秀学生的甄别，达到精准招聘的目的，同时也简化学生应聘过程中开具相关证明的过程。

（3）减轻档案管理部门工作压力。整个系统数据的录入工作分配到系部主管部门和教务成绩主管部门，改变了传统的信息入库方式，减轻了档案管理部门工作压力。

三、系统功能模块

按照功能，我们可以将档案管理系统分为前端功能模块、区块链模块、智能合约模块，每个功能模块的功能如下。

（一）前端功能模块

前端功能模块为各个主体提供注册登录界面、数据上传、查看和访问控制等的操作界面。各个主体在注册时都需选择好自己的角色，经过档案管理部门核实后方能注册成功，所有的操作都在档案管理部门的监督下进行，保证信息存储、访问等环节能正确进行。

登录系统时，学生直接进入学生界面，可将自己的信息上传，需要自己档案信息时，可向高校学生档案管理部门提出申请，经同意后可查看自己的相关信息。

培训机构进入相应页面后，可将参与培训的学生信息发送至学生所在的系部，由系部主管部门核实后上传。

教务成绩管理部门将学生的奖惩情况或学生的成绩等经过整理、核实后，直接写入联盟链中。

系部主管部门核实学生和培训机构所提交的数据，数据有效时直接写入联盟链中；可直接写入对学生的奖惩信息。

用人单位需要访问学生信息时，要先向档案管理部门提出申请，若被授权，可通过相应页面查看信息。

档案管理部门收到注册或数据访问申请时，需先核对相关身份信息，根据实际情况进行授权。

（二）区块链模块

区块链模块的主要功能是将主体提供的数据进行打包成块，由系统中的参与全节点通过共识机制进行确认后上传到系统的区块链中，实现数据的存储以及后期数据的查询，保证了数据的安全性、不可篡改和完整性。

（三）智能合约模块

智能合约是在MetaMask（浏览器插件钱包）中使用Solidity语言实现，通过以太坊虚拟机（EVM）将智能合约编译成字节码并存储在区块链中，通过地址来调用，应用程序可以通过web3.js调用合约中的函数，合约的部署和执行情况如图10-2所示。

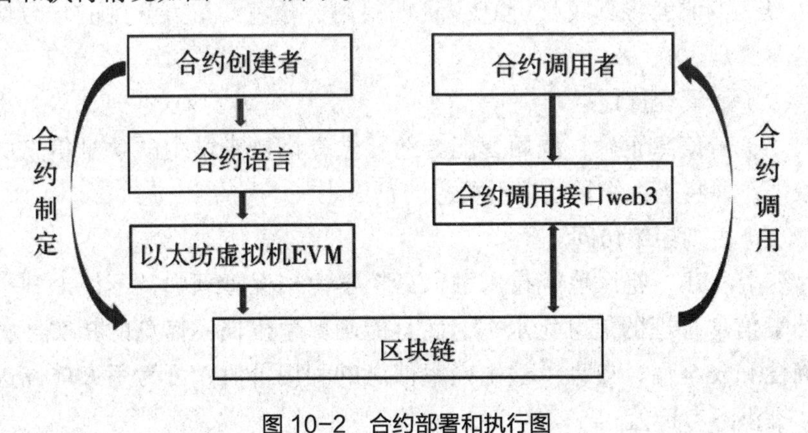

图10-2　合约部署和执行图

智能合约部署和执行过程中会花费以太币，因此在开发过程中采用了以太坊开发测试网络来模拟以太坊网络环境，由此避免开发过程中的花销。该管理系统中通过智能合约来控制主体的注册、数据的上链、数据的访问等，极大提高了学生档案信息的安全性。

1. 用户注册

该算法的功能是使各主体与管理系统的联盟链建立链接，注册时需要主体的信息包括以太坊地址、主体的真实身份 ID、证明材料和角色，其算法如下：

（1）注册主体将以太坊地址、主体的真实身份 ID、证明材料和角色发送给档案管理。

（2）档案管理部门核查主体信息。

（3）若信息符合要求，调用智能合约函数，将主体添加到联盟链中。

（4）否则拒绝添加。

2. 数据上链

管理系统中各主体通过对应的界面将数据提交到系统，系统自主调用相应的程序和智能合约将数据上链，整个过程不受外界影响。

3. 数据访问

系部主管部门、教务成绩管理部门和高校学生档案管理部门可根据学生的学号查询学生的档案信息，用人单位和学生需向高校学生档案管理部门提出申请才能访问档案信息，申请访问时需要提供主体的真实身份 ID、证明材料、角色和待查学生的学号信息，其算法如下：

（1）申请者将真实身份 ID、证明材料、角色和待查学生的学号信息发给案管理。

（2）案管理核信息。

（3）若信息正确，调用智能合约函数查询待查学生的学号信息的相关数据，并将查询结果反馈到相应的页面中。

（4）否则拒绝访问。

综上所述，将区块链技术融入高校学生档案管理中，不仅提升了学生档案信息管理的信息化水平，而且能确保学生档案信息的真实性、可追溯性和安全性，提高了学生档案信息的利用价值，可为用人单位选拔人才提供参考价值。

第十一章　区块链的未来发展

第一节　区块链链接万物

如今，区块链去中心化、不可篡改又高度透明的技术已经被应用到越来越多的领域，活跃在人们的生活当中，为人们的公证与认证带来了便捷，为人们的知识产权带来了保护，为人们的存储方式带来了新技术，也为人们赖以使用的能源带来了新的技术动力。

一、公证与认证不再是难题

区块链技术在大数据时代有着越来越广泛的应用，除了金融、商业领域，区块链去中心化、不可篡改又具有高透明度的技术特点已能够应用在更多的领域。

在大数据时代与信息化时代，如何才能以较低的成本提高数据证明过程的透明度，如何通过分布式数据库以更低的成本明确权属，是区块链将要解决的问题。

（一）传统公证系统的弊端

公证是公证机构根据自然人、法人或者其他组织的申请，依照法定程序对民事法律行为、有法律意义的事实和文书的真实性、合法性予以证明的活动。

但是，传统的公证系统存在以下几点弊端，如图 11-1 所示。

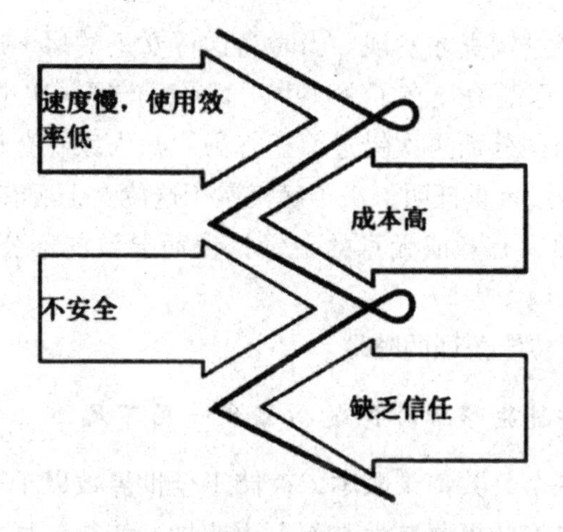

图 11-1　传统的公证系统存在的弊端

1. 速度慢，使用效率低

速度慢，使用效率低，导致了无法快速查找、上传、下载相应的数据，尤其在没有实现真正的数据共享的时候，公证的效率就更低了。

2. 成本高

存储进互联网的数据，一般需要经过多家机构的多次确认，交易成本高。

3. 不安全

信息数据的存储是权威机构集中进行物理存放，这种集中物理存放不仅管理复杂，而且存在较大的风险，因为一旦统一的电子存储设备发生损毁，很多资料就无法恢复。

4. 缺乏信任

在现有的情况下，虽然大部分信息记录通过电脑存储在了互联网中，但是这些数据却容易被人更改或删除。

这种信任的缺乏，也使大量的资源投入在了审计和记录核查上，从而降低了效率和投资回报率。

这里有一个案例说明了传统公证系统出现的问题：一位独居国外的女士最近出现了疑惑，因为她在十多岁的时候移居国外至今近三十年，某天忽然接到电话说自己在国内苏州的房子已被别人登记入户，于是这位女士匆匆回国处理这件事情。该女士为了证明房子就是她的而出具了土地证，但法院也未予采信，仍然依据国家财产局的记录为准判房屋归属另一人，该女士也有些无可奈何。

后来法院经过调查才发现，当时为这位女士的房子进行登记时还没有出现互联网，只是登记在了文件中，而当财产局再次进行登记的时候，因这位女士移居国外而再次错过，正好另一户人家在登记的时候出现了错误。最后，经过重重证明，房子确实属于这位女士所有。

类似这样因为有意或无意的记录错误而导致的不公正与财产损失，每天都在世界各地发生。

这就暴露了传统公证的弊端。

（二）区块链能够弥补传统公证系统的不足

区块链是一个公共记录账本，存储于全世界数以千万计的计算机之中。存储信息具有的可复制性与不可更改性，使得这种技术比目前各国使用的传统公证方法更安全。

相比传统公证系统，区块链技术下的公证系统的优势主要体现在以下三个方面。

1. 实时对文件进行安全处理

现有的各国公证中心对于文件的保管方式是在带有日期的材料上盖章，然后拍照载入系统，这些纸质文件或图片记录很可能由于 IT 系统本身遭受攻击而丢失。

针对这一点，区块链可以提供完整的解决方案。将文件生成唯一的数值散列值记录到区块链上，给记录文件打上进入公证系统的时间戳，区块一旦生成，记录的文件信息将永远无法篡改，对于何时、何人、登记的文件内容都具备完全的唯一性和可追溯性。并且因为区块链的广泛分布特性，使得在任何灾难情形下，只要有一个以上节点仍在工作，认证的数据信息即可完整保全。文件的存在性证明和真实性证明可以在分布广泛的众多去中心化节点的反复自认证中得到保障。

2. 提高公证效率

区块链通过实时对文件进行安全处理，产生时间、文件内容的哈希值和存储人一一对应，以达到证明文件存在性、完整性和所有权的目的。区块链的即时性公证，解决了证据固化和保存流程烦琐、花费时间长等问题，提高了公证效率。

3. 提高安全性

区块链可以保证电子数据和信息的完整、真实和安全性，为法律机关提供有据可依的证件，通过电子签名、私钥、公钥等方式杜绝隐私等敏感信息外泄。

有了区块链技术之后，需要证明上述案例中的房子是那位女士的步骤也就简单快捷很多，女士可将房产数据发送到区块链上，区块链上的数据是不可复制、去中心化以及不可篡改的，区块链可将这些数据生成一段“符号加数字”的密码；当出现纠纷的时候，这位女士只需要拿着这段“符号加数字”，系统就会自动进行识别，如果与区块链上的“符号加数字”相符合，就证明房子属于这位女士所有。

（三）身份认证不再是问题

身份证是用于证明持有人身份的证件，我们的日常生活和出行离不开它，如果将区块链技术应用到身份证上，会为人们的生活带来意料之外的便利，而这要归功于“分布式智能身份认证系统”。

基于区块链技术的智能身份认证系统会建立一个只属于某个人的区块链身份证，上面会显示他的护照照片、在线头像，姓名下方有一个不可更改的密钥创建日期以及密钥标识，这张身份证上还有着签名栏、专属二维码、交易编号以及哈希算法证明。

1. 选择一个富有个性的名字

取一个富有个性的名字用于自己的 ID 上，有助于与他人的名字相区别。同时，其他人也能根据这个名字找到对应的区块链 ID。

2. 保存好密码

这个密码相当于一个密钥，一定要妥善保管，因为无论进行任何操作，都需要提供密钥来进入个人账户，而唯一的密钥只有我们自己知道，所以一定要记得备份。

3. 创建并确认个人档案

把属于自己的区块链身份证和社会网络档案连接起来，证明这是本人的区块链身份证，并在这个档案中确认本人的个人信息。

经过了以上步骤，我们就可以使用专属的区块链身份证了，可以把区块链身份证共享在网页、社交网络档案以及名片上，这样其他人就可以很容易地在网上找到他想找到的人了。

使用区块链身份证的计划，已经被霍伯顿软件工程学院采用了，其也是世界上第一个利用区块链认证学历证书的学校。霍伯顿软件工程学院的联合创始人西尔万·卡拉什（Sylvain Kalache）称，学校理解招聘公司在辨别学历真伪时面临的困难，所以他们采用了区块链技术来认证学生的学位证。

西尔万·卡拉什说："对于雇主来说，他们不需要花很多时间打电话去大学或者找第三方机构确认求职者的学历。"同时，区块链能帮助学校节省很多的人力和财力，省去了建立数据库的麻烦。

西尔万·卡拉什还说："我们的学生非常乐意看到他们的学位证能够得到认证，他们同时也看到了这项技术的发展潜力。现在已经有很多公司投资开发区块链，我们学校能够成为第一个这么做的，学生们非常骄傲。"

可见，区块链身份证真的能够为我们的生活和出行带来极大的便利。

二、知识产权的管理

随着知识经济的发展，知识产权已经成为市场竞争力的核心要素。在当下的互联网环境中，知识产权侵权现象严重，纠纷频发，原创精神被侵蚀、行政保护力度较弱、举证困难、维权成本过高等问题已成为内容产业的一大痛点。

而保护知识产权就是保护创新，用好知识产权就能激励创新。知识产权已经明确被纳入国家"十三五"规划的重点专项规划之中，这也是知识产权规划第一次进入国家的重点专项规划。

如今，区块链技术正被应用于版权保护领域，通过发展基于区块链的数字版权管理（DRM）技术，对软件发行的每一份授权许可或者著作人对作品的版权进行记录和跟踪，可使作者对自身的知识产权有更加强大的控制权。

（一）知识产权中的痛点

知识产权是权利人对所创作的智力劳动成果所享有的财产权利，包括专利、版权、商业秘密、植物新品种、特定领域知识产权等。

知识产权服务业横向可分为版权、商标、专利三个细分子行业。其中，版权的行业成熟度相对较高。

知识产权服务业纵向可分为确权、用权、维权三个环节，这个行业现在出现了众多问题，主要可以归纳为四个方面。

1. 确权耗时长，时效性差

知识产权的所有权注册，主要就是版权注册。理想条件下，这种注册不仅能精确地记录作品的原始所有权归属，还能记录所有涉及该作品的后续交易。

线下的版权服务企业一般需要耗时几个月才能完成确权，新兴的互联网企业可以缩短到 30 多个工作日，如果使用加急通道，也至少需要 10 个工作日。在费用方面，最低的收费也要 300 元 / 件，有的甚至高达数千元，整个过程耗时耗资，不利于维护内容创作者的权益。

虽然互联网企业的发展加快了确权进程，但整体过程的时效性仍然难以保证。

2. 用权变现难，供需难以匹配

在用权方面，存在变现难、供需匹配不平衡的情况。近年来，我国年版权登记量达到数百万以上，但是还有庞大的内容创作群体并未申请相应的版权保护，随着内容创业时代的到来，这个数字未来必将出现成倍的增长。

面对如此庞大的版权供给，知识产权业应该如何匹配需求，如何实现版权的变现，是最需要进行解决的问题。

3. 依靠第三方平台，成本高

除了已经进行登记的版权之外，一些文学作家、摄影师和词曲作者的作品的版权也缺少有效的证明和保护方法，因为传统的版权证明方式依赖权威的第三方认证，使用时成本很高，造成了内容流通和变现的困难。

在新兴的数字版权时代，如何有效解决版权保护的问题，方便版权交易和推广，确实需要有突破性的方法。

4. 维权效率低，举证、溯源非常困难

从维权环节来看，追溯链条较长，因为界定侵权难度大，需要逐级查看授权说明才能最终确定侵权。特别是对于声音和图像这种数字内容而言，因为很难分辨“原版”和“仿作”，所以更容易引起所有权争议。

同时，维权追溯过程复杂，在确定侵权后，权利溯源难度较大。例如，音乐创作中的词曲作者拥有词曲的著作权，歌手拥有歌曲版权，同时复制权、发行权、播放权、放映权等一系列的权利也会交叉其中，权利归属的复杂程度可想而知。

（二）区块链技术有助于保护知识产权

可以利用区块链技术中带有时间戳信息的分布式数据库来记录知识产权资产的产权链（chain-of-title）以及所有权情况。

在区块链中，所有权可以按照顺序实时更新，从而可以为任何一种知识产权资产的转让活动提供不可篡改的跟踪记录，并且再也无须去寻求第三方信托的帮助。

同时，凭借区块链潜在的互通性，这项技术还有望为全球知识产权注册制度助力，从而让不同国家公民之间的知识产权转让备案工作变得比在谷歌进行一次搜索还要简单，极大地提升了效率。

那么，区块链具体是如何做到的呢？可从三个方面进行分析。

1. 确权：直接在区块链节点中声明所有权

与传统确权模式相比，基于区块链的所有权确权具有很多优势。

（1）缩短了注册时间，因为注册过程几乎是即时的。

（2）降低了注册的费用。

（3）增加了安全性，区块链数据库的去中心化且加密安全性质，使作品不太容易遭受意外的损失或黑客攻击。

（4）及时追溯，用户作品的后续交易也会被实时记录，并且在网上可以被实时追踪到。

（5）公布所有权，利用区块链的公开透明可以更广泛地宣示作者对作品拥有的所有权。

但是，使用区块链进行注册时，要注意这样一个问题，不同的区块链注册服务商使用不同的方法，可能会出现“多重注册”的冲突。

这可能会影响区块链注册的权威性，并影响部分作者的注册意愿。不过，这个问题并非无法解决。根据区块链注册提供的不可改变的时间戳，平台之间可以相互承认，能够有效解决所有权纠纷的问题。

2. 用权：点对点直接沟通

使用区块链的点对点直接沟通，不仅能够帮助需求方与权利人建立点对点的直接沟通，减少中间繁杂环节，还能够加速供需匹配，通过与大数据技术相结合，加速供需匹配和权利流转速度，降低中间成本，有利于解决变现的难题，提升变现效率。

同时，若是应用了智能合约，还能够提高版权收费和交易的执行效率，创建分账的合同就是一种有效的方法。

3. 维权：清晰定位权利归属

使用区块链技术能够通过程序算法自动记录信息和规则，具有明确、清晰的权利归属，能在第一时间确认侵权，也能快速找到侵权主体。

除此之外，侵权记录被不可更改地保存下来，这一点具有两方面的好处：一方面，降低权利人主张权益的成本，不需要效率低下的第三方参与仲裁，从而解决了知识产权产业链繁复杂乱的问题，通畅了维权道路，有效提高了维权效率。另一方面，侵权记录在全网，侵权者的信用会受影响（可借助大数据进行信用评分），不利于其以后的其他交易。因此，在基于区块链的知识产权体系下，失信者将越来越没有市场。

（三）区块链保护知识产权的应用案例

区块链的知识产权保护实践之路已经开启，目前已经有一些团队先后发布了基于区块链的知识产权保护产品。

1.Monegraph

Monegraph 是 Pryor Cashman 公司推出的一种使用区块链技术的数字艺术和媒体新平台。通过这个平台，各类创造者可以很容易地为其数字工作的商业价值构建智能合同和授权许可，简化了许可、支付处理、媒体处理和分配处理流程，可协助权利人获得作品相应的商业报酬。

Monegraph 赋予艺术家们从菜单中选择作品出售、授权、转售以及合成音乐的权利，并允许艺术家们自己确定价格。对于用户的购买意愿，数字艺术和媒体新平台允许艺术家们不通过经纪人就能直接进行沟通，且作品的归属问题都可以通过区块链技术得到证实。

2. 原本

国内的创业团队创造出的“原本”，是基于区块链技术的版权认证和交易平台，该平台具有以下四个方面的功能：

（1）版权认证，即将作品和版权信息的加密验证永久记录在区块链上，为作品提供免费、可靠的版权认证，对接线下公证处和律所服务，提供一站式服务。

（2）版权交易，即通过原本协议让内容携带版权，即便经过多次转载，仍然可以实现版权交易，使在原本平台上的版权交易流程安全快捷。

（3）支持海量小规模版权交易，就是将交易记录写入区块链，确保授权可信，实现版权长尾流量变现。

（4）保护艺术家的版权，即通过原本创业团队开发的全网侵权检测工具 Hawkeye，定期追踪每一篇进行了版权认证的文章的传播去向，确保不被侵权。

3.Blockai

Blockai 是初创企业，致力于为美国艺术家提供基于区块链的版权保护措施，弥补现有政府相关系统的缺陷。

Blockai CEO 内森·兰德斯（Nathan Lands）说过："区块链是提供创造证明的最完美解决方案。它是一种永久的、不可更改的记录。"

Blockai 用全球验证比特币交易的方法（区块链）来帮助艺术家，可以给作品增加时间戳，同时能够探测侵犯知识产权的攻击者。

具体的步骤如下：

（1）艺术家将作品上传到网站上后，会收到一份版权证书，用永久的时间戳证明作品创作时间，这样就能提供基本的版权保护。

（2）艺术家在网站上注册了作品后，Blockai 会搜索网络找到相近的作品以识别是否侵权，从而随时探测侵犯知识产权的攻击者。

（3）若是探测出侵权的行为，Blockai 会采取措施处理攻击者以及侵权等违规行为。

三、聚沙成塔式的分布式云存储

区块链的特点就是分区块存储的，每块包含部分交易记录。每个区块都会记录着前区块的 ID，形成一个链状结构，因而被称为区块链，以此来保证每个区块上面的信息都是不可更改的。区块链实际上就是分布式数据库，是加密后分散式存储的云存储。

基于区块链技术的分布式云存储不但可以存储，还可以同时证明这份数据是真实和安全的，并且永远不会被修改。

（一）区块链的分布式云存储

区块链的分布式云存储主要具有如下特点。

1. 保障数据的真实性与安全性

传统的云存储公司是通过购买或租用服务器来存储客户文件，同时，使用磁盘阵列（Redundant Arrays of Independent Disks，RAID）方案或多数据中心的方法来保护数据的安全性，其中RAID是由很多价格较便宜的磁盘组合成一个容量巨大的磁盘组，利用个别磁盘提供数据所产生加成效果提升整个磁盘系统效能。这项技术将数据切割成许多区段，分别存放在各个硬盘上。

如果借助区块链的去中心化机制，让文件存储于分布式、虚拟和分散的网络中，就不需要像传统的云存储公司那样依靠硬件的维护来保证存储的可靠性，从而有利于提高数据的真实性与安全性。

而且，任何一个用户都可以访问公开区块链上的数据，同时任何一个用户都可以发出交易等待被写入区块链，任何一个参与的用户都通过密码学技术和经济激励机制来维护数据库的安全。

2. 运行成本高效且费用低

区块链技术在网络上是公开、透明、开源的，用户不需要通过任何的机构及组织，都可以随时随地上传、下载所需要的信息。

当然了，使用Storj（一个去中心化的基于区块链的分布式云存储系统）也是需要一定费用的，但还算合理和低廉，它是按存储和下载两种流量收费的。

3. 能对碎片资源加以利用

任何一个用户都可以通过分享个人的硬盘空间获得金钱回报，这个金钱回报由租户直接支付给个人，而提供服务的平台只收取少量的服务费。

（二）云存储平台——Storj

Storj（发音同Storage）是第一个使用区块链和加密技术来保护文件的、分散式点对点加密云存储平台，其目标是成为一个可以不被审查和永不停机的云存储平台。

Storj分散式点对点加密云存储的核心技术就是区块链技术，它没有数据中心，没有机房，而是利用了我们每个人电脑的剩余硬盘空间，工作原理如下：

（1）文件在上传之前会在用户的计算机客户端上进行加密，当用户上传文件的时候，Storj会把文件进行切片，然后各个分片单独加密，最后保存到互联网上面其他用户贡献出来的硬盘空间上。

（2）为了保证数据不被篡改,Storj 采用一种数据结构“Merkle 树”——二分哈希树。

区块链的密码学技术“Merkle 树”的特点是每个节点的哈希值和两个叶子节点有关，能够验证数据是否被修改过，用户只需要对比 Merkle 树中 Tree root 节点的一个分支 root 节点的哈希值是否一致，若是不一致，便说明数据被修改过。

（3）更加便捷的是，Storj 混合使用三种方式来验证数据的完整性，即整块、切成小块循环、某些特定块。

用户如果发现有某些块不可用、被修改或者不能访问，可以利用 Storj 的纠删码方式，从其他可用的数据块重构该数据块，保存到其他节点上。

（4）采用区块链的 P2P 技术，使得每个用户的下载速度很快，这是因为可以有多台计算机同时为用户提供文件存取服务。

Storj 分散式点对点加密云存储借助自己的 Web 应用程序——Storj 和 Storj Share 提供这两种服务。

关于存储文件，为了最好地保护数据，文件在上传之前会在用户的计算机客户端上进行加密，然后每个文件会被分解成加密数据块，再通过 Storj 网络进行分散存储，即用户的文件已加密并被分散存储于不同的计算机上，而不是专门建立的数据中心。

四、天才的设计：区块链与能源

人类一直在探索能源与能源的应用方法，煤、石油、天然气等都通过市场机制实现了互联，但是电能却没有真正地达到互联。

于是，众多能源公司看中了区块链技术，纷纷选择同区块链创企建立合作关系。凭借在能源监管和传统电网基础设施等方面的深厚底蕴，它们正致力于开发区块链在能源领域应用的潜能并逐步建立自己的优势。

（一）电力能源应用普遍现状

传统的能源应用存在很多明显的不足，主要体现在以下三方面。

1. 能源损耗大

传统的电力市场受公共事业单位管制，电力大多产自远离人口中心、城市中心的大型电站，需要无数的输配电基础设施进行电力运输，容易出现电力传输损耗大的问题。

2. 中心化电网形式

电能应用依靠中心化电网等基础设施，存在出现断电的风险，维护中心化电网的安全运行需要耗费不少的人力物力。

3. 负载平衡

在传统的中心化电网中，用电负载存在明显的峰谷效应，中心化供电体系中的发电、输电、配电等步骤存在负载平衡问题。

比如，我国很多城乡地区普遍采用三相四线制供电方式，其主要原因是供电方式既可以满足三相动力负荷的用电需要，也能为众多的单相照明及其他负荷提供电源。在传统的三相四线制低压配电系统中，三相四线和电压有同样的幅值，且 A、B、C 向位互相差 120°，这样的吸引就叫作三相平衡系统。

当三相负荷完全平衡的时候，零线电流为零，零线上没有损耗，但是想要达到这个状态是极为困难的。然而由于大量照明及其他单相负荷的存在，低压电网规划和分配到各相电源的负荷很难做到均衡，即使按照设计容量进行了平衡分配，但由于负荷运行是动态变化的，因此也会造成 10 kV 配变普遍存在三相负荷不平衡的问题。

（二）区块链在能源行业的应用

目前，区块链的概念和建设模式已经较为成熟，基于区块链的技术特征，主要可解决以下三点问题。

1. 解决能源损耗问题

区块链可以促进电网的更新升级，也就是创造一个更加去中心化的电网，并在电网中实行点对点的电力交易，尤其是对于分布式光伏发电来说，由于其电压较低无法远距离传输，通过区块链可以实现用户和发电者之间的点对点交易。

同时，拥有可再生能源的电力用户也可以同时成为电力生产者和电力市场的交易者。

2. 解决中心化以及交易问题

区块链可以创建一个去中心化的实时能源市场，连接本地生产者和消费者，结合区块链和通信技术，可以让数百万的参与者之间更安全地完成交易和支付。通过连接本地的能源生产者（如有太阳能板的邻居）与本地的消费者，区块链使分布式的实时能源交易市场成为可能。

分布式的交易记录中记录着电力消费的计量和计费、热能的计量和计费以及其他能源的计量和计费，交易信息透明且安全。

3. 解决负载平衡问题

一个区块链驱动的市场也能增强电网安全性，刺激智能电网科技的应用发展，以自产新能源为基础、以电网调节为补充的现代化用电模式，带来了绿色环保理念的同时，也具有更高的安全可靠性。

消费者自产能源的方式为整个电网的负载平衡提供了更多的解决方案。电网方面可以通过经济激励的方式调动不同消费者自产能源的总量，从而更好地实现负载平衡。

引入了区块链技术的能源行业，不仅仅使在电力传输方面能够得到改善，还能够带动更多分布式电网基础设施，能够作为本地生产者在能源市场上进行交易，这一点会吸引更多资源投入赋能分布式电网的技术，包括智能电网装备、物联网装备和电动汽车。

电网越是分布式的，就越能可靠、高效地匹配能源供需，包括但不限于发送实时报价信息和减少昂贵的输配电基础设施开支。

（三）Transactive Grid 能源传输项目

美国的区块链创业公司 LO3 与科技巨头西门子联合推出的 Transactive Grid 项目，便是一个基于以太坊的能源传输项目，LO3 公司因此也获得了美国专利商标局颁发的去中心化能源传输专利。

这个构建在以太坊技术上的智能微电网交易系统，实现了点对点的能源交易和控制，也就是将微电网中手机消费和发电数据存储在了区块链中。

该项目最大的亮点就是参与该项目的客户能够把剩余的电力卖给其他人，为了便于分析，可以建立一个模型。

能源的交易采用点对点的方式，有 5 户家庭可以通过太阳能发电，将剩余的电力出售给另外的 5 户家庭，参与的家庭通过智能仪表进行连接和数据共享，追踪记录家庭使用的电量以及管理邻居之间的电力交易。

其实，早在 2016 年 4 月，首笔基于以太坊的电力交易就完成了，布鲁克林的居民艾瑞克·弗鲁明（Eric Frumin）把自己的太阳能电池板产生的多余电能直接卖给了他的邻居鲍勃·索凯利（Bob Sauchelli）。

艾瑞克·弗鲁明拥有的能源被计算并记录在以太坊区块链中，然后使用可编程的智能合约指令让这些能源能在公开市场出售。如果邻居没有购买这些电能，产生的多余能源就以批发价格卖给电力公司，这样的智能能源交易系统要比传统的自上而下的能源配电系统更有效，也更节约成本。由此可见，区块链对于构建微电网系统的潜力和价值也是巨大的。

第二节　可设计的蓝图

一、区块链与大数据实现技术新融合

区块链与大数据共生发展：一方面，区块链为大数据提供安全保护；另一方面，区块链技术也需要大数据的辅助。未来区块链与大数据将迎来更好的技术融合，尤其是在数据的开发、分析与交易，以及数据周期的维护、数据与智能合约的开发与利用等方面。

（一）区块链融入数据开发、分析与交易

具体而言，如果将区块链简单地看作一种分布式数据库存储技术，其实就是一种底层技术支持的数据结构和接口，并提供一套与开发语言无关的标准应用程序接口（API）和开发者工具（SDK）。

不同时间、不同技术和不同语言开发的各类应用和相应的操作型数据库，都可以通过不太复杂的步骤将重要信息写入区块链，并可以从区块链上获取已有的信息。

虽然大数据的发展趋势使人们对大部分类型数据的精确性要求降低了，但是对于某些追求正确准确的重要数据，把不可篡改的、可追溯的区块链作为数据源就很有必要了。

区块链的去中心化和可追溯性，能够使数据的保护获得前所未有的提升。

例如，颁布互联网金融监管新措施，要求对同一单位或个人在所有互联网金融平台上的融资上限进行监管，如监管部门通过区块链网络，

把同一主体在所有互联网金融平台的贷款余额作为重要数据记录下来，并和其他大数据信息一起分析，就可以有效地进行监管，各类商业机构也可以有效控制自己的风险。

区块链的加密技术只允许那些获得授权的人对数据进行访问。因为数据统一存储在去中心化的区块链中，所以能够在不访问原始数据的情况下进行数据分析，这样既可以对数据的私密性进行保护，又可以安全地提供社会共享。

（二）打造区块链网络平台

在现有的大数据系统中，可以运用区块链技术打造一个网络平台。即使用区块链的去中心化技术，搭建一个去中心化的、分布式的网络平台，在这个平台中进行各类资产的交易，让不同的交易主体和不同类别的资源跨界交易成为现实。在拥有信用和资产的前提下，不仅可以进行传统的商业活动，还可以进行非商业的资源分享。

就如同如今的互联网技术，区块链也有望成为价值互享的基础设施，人们也能够像连接、使用互联网一样，在区块链的网络平台上进行连接，将交易活动放置在区块链中，共享供应链信息，并进行智能生产，不用担心更多的安全性问题，即使是陌生人，也可以基于区块链上的可信记录进行交易和合作。

在这个区块链网络，区块链既是各类经济活动的基础设施，也是各类数据产生的源头。区块链从技术层面不仅可以提供不能篡改的数据，也提供了不同来源、不同角度和不同维度的数据。

二、智能合约与大数据有望促进社会共治

大数据时代不是一蹴而就的，而是在经历了小数据时代之后才逐渐发展而来的，大数据时代的云计算和数据库技术的开发和应用，能够更全面地采集数据，对数据起到预测的作用，而区块链技术则有助于将大数据的预测数据落实成功。

（一）小数据时代的“随机调研数据”

在小数据时代，由于缺乏获取全体样本的手段，人们发明了“随机调研数据”的方法。

理论上，这种“随机调研数据”的方法抽取样本越随机，就越能代表整体，但随机调研数据的方法存在一个问题，就是获取一个随机样本代价极高，并且非常费时。

（二）大数据预测，区块链变现

有了云计算和数据库以后，获取足够大的样本数据乃至全体数据就变得非常容易了。比如，谷歌可以提供谷歌流感趋势的原因就在于它几乎覆盖七成以上的北美搜索市场，已经完全没有必要采用抽样调查的方式来获取数据，只需要对大数据记录仓库进行挖掘和分析即可。

不过这些大数据样本也有缺陷，实际样本不等于全体样本，依然存在系统性偏差的可能。但是，大数据对数据的预测作用，还是值得借鉴的。

如今，随着数字经济时代的发展，大数据能够处理越来越多的现实预测任务。

区块链技术能够通过智能合约，通过 DAO（一个数据访问接口，适用于单系统应用程序或小范围本地分布使用）、DAC（数字模拟转换器，是一种将数字信号转换为模拟信号的设备。在很多数字系统中，信号以数字方式存储和传输，而数字模拟转换器可以将这样的信号转换为模拟信号，从而使得它们能够被外界识别）、DAS（开放系统的直连式存储，通过建立 DAS 模型把用户的数据存放在数据库服务提供端，并让它们通过网络使用数据库管理系统，不仅可以防止外部攻击者对重要数据的窃取或篡改）来自动运行大量的任务，帮助把这些预测落实为行动。

比如，在社会治理中，地方政府作为资源供给方，在进行诸如精准扶贫、社会服务外包、公益管理、养老等方面，都可以通过区块链作为中介，通过大数据作为公共产品需求者的精准分析工具，通过智能合约为标准化的公共产品提供自动流程。

若是有志于公共服务的个人和团体与有需要的人群对接，政府则通过区块链将相应的需求内容和服务情况记录下来，而这一过程不仅透明、可审计，而且通过智能合约，还可以减少人为干预和冗长的审批环节。

通过大数据分析精确定位和归因不同的贫困户及需要帮扶的群众后，在区块链上搭建的公益积分体系，以公益积分的形式回馈给服务供方，并且逐步打通各方商业机构，从而拓宽公益积分的兑现和使用范围，同时计划逐步将各政府部门的公共服务搬上区块链平台，提供高效、透明和可审计的记录。

综合来说，“区块链 + 大数据”联手拥有资源的地方政府，可以让与人民大众日常生活息息相关的公共服务流程变得精准、透明、公平和高效。

其中，政府和市场各自都发挥自己的强项，由大数据提供预测作用，区块链将预测变成现实，通过对全量数据的扫描和精确分析，并与陌生多方信任的区块链网络和自动执行的智能合约相结合，为人们提供更多的服务。

三、区块链领跑金融新趋势

在区块链的创新和应用探索中，金融是最主要的应用领域，现阶段区块链主要的应用探索和实践，也都是围绕金融领域展开的。

比如，区块链技术应用已经开始衍生到数字资产交易、网络支付、股权众筹、互联网征信等多个领域。

但是，目前区块链的应用还远远谈不上普及。市场上出现的产品大多是某些企业小规模的场景应用，这些项目整体的行业影响力还是比较弱的。区块链行业亟待出现突破性应用，以带动新金融行业的发展。

（一）世界各国将区块链技术引入金融行业

区块链技术曾被认为是继蒸汽机、电力、信息和互联网之后最具潜力触发第五轮颠覆性革命浪潮的核心技术，能够在新经济、新金融领域带来巨大的经济影响。

（二）区块链新金融实验室致力研究区块链新金融项目

正因为区块链技术在新金融领域具有长远的开发意义，为了积极推动中关村区块链产业的健康发展，服务于中关村打造全国科技创新中心、国家科技金融创新中心的战略目标，中关村众筹联盟于 2017 年 6 月联合中关村大河资本、北京股权交易中心、北京股权登记管理中心、网录科技等多家单位，成立了区块链新金融实验室。

1. 推动区块链技术在我国新金融领域的应用

该实验室将重点跟踪研究国外先进的区块链技术在新金融领域的创新趋势，积极推动区块链技术在我国新金融领域的示范应用。

2. 营造区块链新金融发展氛围

该实验室还通过行业调研、专题研讨、应用培训、投融资对接、社群互动、示范应用展示等多种形式，营造区块链新金融生态在中关村创新引领发展的良好氛围。

2017 年 7 月 19 日，由中关村众筹联盟、区块链新金融实验室主办，太库科技创业发展有限公司协办的 2017 区块链新金融论坛暨中关村众筹联盟成立两周年大会在北京举行。该论坛围绕区块链技术的应用与推广进行了讨论，目的是将区块链技术融入新金融领域，将区块链技术应用到互联网金融乃至整个金融业的关键底层技术设施，进而推动区块链技术在金融行业的广泛应用。

四、“互联网 +”与“区块链”共同打造新金融

区块链是重塑金融经济体系的有效技术手段，其中去中心化、共识机制、分布式结构的技术，有利于维护信息安全，这与“互联网 +”时代下的新金融相辅相成。

下面就基于区块链的发展现状和趋势，结合“互联网 +”的特点，分析创新新金融模式的优势。

（一）“互联网 +”双向创新新金融

随着新一代信息技术的综合应用，“互联网 +”与金融领域的融合越来越深。无论是横向的融合还是纵向的融合，新金融所表现出的业务模式都更加多元化。

1.“互联网 +”创新了新金融的业务模式

随着互联网的开发与应用，我国逐步进入“互联网 +”驱动的时代，互联网金融与传统产业将深度融合，包括金融行业、农业、文化行业、医疗在内的各种传统行业，将形成农业金融、文化金融、科技金融、生态金融等业态，这些金融方式会提供和创新出多样化、多层次的金融服务模式。

2.“互联网 +”为新金融创造了场景化的商业条件

互联网金融一般是指传统金融机构将线下业务搬到线上，“互联网 +”的业务创新更是采用了线上线下相结合、实体与虚拟体系相结合的业务方式，不断创新发展模式，创造场景化的商业条件。

（二）区块链与“互联网+”共同创造新金融

区块链技术已应用到新金融领域，其具有以下几点优势。

1. 有利于获取双方的信任

新金融浪潮在全球范围内改变了传统金融的业务模式，但当前直销银行、互联网保险、互联网券商等平台的重点还是在渠道的争夺、经营模式的改变上，而区块链有望将金融业的发展推向更加深入、更加本质的层面，即信用模式的改变。

从区块链技术上来看，在技术识别能力足够的情况下，区块链能让交易双方无须借助第三方信用中介开展经济活动，完全实现交易双方之间的信息公开共享，从而实现全球低成本的价值转移，同时还能够保证所有交易信息的公开透明。

2. 有利于降低信息安全风险

在分析区块链技术有利于降低信息安全风险之前，需要介绍一个重要的词——B/S 模式。

B/S 模式（即浏览器和服务器模式）是网页兴起后的一种网络结构模式。基于 B/S 模式，客户机上只需要安装一个浏览器，如 Netscape Navigator 或 Internet Explorer，服务器则安装 SQL Server、Oracle、MySQL 等数据库，最后由浏览器通过 Web Server 同数据库进行数据交互。

而当前 B/S 结构大多数或主要的业务逻辑都存在服务器端，因此系统不需要安装客户端软件，它运行在客户端的浏览器上，系统升级或维护时只需更新服务器端软件即可。

不过，采用 B/S 结构的客户端只能使用浏览、查询、数据输入等简单功能，绝大部分工作由服务器承担，这使得服务器的负担很重。

除此之外，当下 B/S 结构模式的互联网金融平台在实际业务运行过程中面临着多方面的风险，而基于区块链技术的新金融业务系统利用区块链技术的特点构建了一个完全自治的系统，它采用 P2P 网络的方式分布式存储，不存在中心处理节点，不需要任何机构或个人维护整个系统，因此不会出现中心模式下的网站安全性问题。

3. 有利于创新金融业务模式

区块链的应用不仅仅是技术和制度的问题，也是社会体制的问题，区块链与金融结合的机制，给当前的金融行业，尤其是依托信息技术而产生的新金融行业带来了发展机会。

特别是在各种金融科学技术下，类似区块链的创新技术已经成为主流金融机构战略部署的首要任务，这些技术将成为金融机构下一步发展的核心驱动力。

（三）新金融将完善金融生态圈

1. 促进服务内容多元化

如今，互联网金融发展的平台越来越多，其内容也越来越丰富，但缺少的是将所有相关业务融为一体的全面性综合服务，“互联网 +”与区块链技术的融合，可以实现将所有相关业务融为一体的全面性综合服务的新金融理念。

比如，客户可以在手机上通过建立综合账户集成客户所有的金融资产，满足客户投资、消费、支付、理财、信贷、保险等一站式金融业务服务需求。

基于这种金融业务的服务需求，商业银行将现有业务与在线金融中心、电子支付平台、电子商务以及移动金融等众多业务模式加以整合和创新，为客户提供综合性的新金融服务。

2. 促进服务形式多元化

新金融促使传统金融业务与互联网技术融合，通过优化资源配置与技术创新，向专业化、垂直化、细分化和个性化的方向发展，产生出新的金融生态、金融服务模式与金融产品。

我们相信，互联网公司将参与开发金融或类金融（类金融是指零售商与消费者之间进行现金交易的同时，延期数月支付上游供应商货款，这使得其账面上长期存有大量浮存现金。综合来说，是零售商从消费者手中拿到钱并且不需要支付消费者利息，用来自己扩张的一种金融模式）产品，如在线旅游、垂直门户金融等，互联网金融商业模式也将更加丰富，保险、基金等产品向细分化、简约化方向发展，以满足单一的、个性化的需求，真正实现新金融服务形式的多元化。

第三节　可预计的未来

区块链技术除了在大数据与金融领域有着广阔的开发前景，在商业应用以及人们的日常生活中也有着广阔的开发前景。尤其是数字经济时代与共享经济时代，更需要借助区块链去中心化、共识机制、分布式结构以及智能合约的技术，实现真正的数字化社会和共享社会。同时，在物联网时代以及能源互联网时代，更需要发挥区块链中心化、共识机制、分布式结构以及智能合约的技术，这方面还有待人们继续深入地研究、开发与使用。

一、区块链将引领数字经济变革

在数字经济领域，网络购物、移动支付、共享单车等数字经济模式已经融入一部分人的生活和工作中，我国也正在从数字经济的跟跑者、并跑者逐渐变成领跑者。

但是，我国数字经济的发展还有广阔前景和领域待开发和使用，区块链技术的开发和应用，有望助力我国数字经济的变革。

（一）区块链助力数字经济发展

有些专业人士认为，区块链的最大价值是数据的确权，因为在传统的互联网中无法证明发布的数据是由谁创造的。但是，区块链的不可篡改的特性，可以帮助数据创造者在互联网中确定数据的所有权和价值，而这一点，就是从数据互联网转型到价值互联网的一个基础。也就是说，区块链对数字经济的发展具有辅助作用。

1. 区块链有助于数据的确权和传输

区块链是一种去中心化的分布式账本数据库，其独特的优势有数据的确权使用、价值的高效传输等。

2. 区块链有助于融入众多技术

区块链技术也是未来数字经济时代新型基础设施的技术基础，因为区块链集成了点对点网络传输等众多前沿科技，融入了物联网、云计算、大数据等新一代的信息技术，在数字经济领域的发展前景非常深远。

区块链作为第一个大规模实践去中心化模式的先驱，已被写入我国《“十三五”国家信息化规划》，有望成为未来价值传输的互联网基础技术，也有望引领数字经济的变革。

区块链的技术已经被应用到了数字经济领域，区块链技术的发展也使得数字经济作为一种新的经济形态成为经济社会发展的主导，让价值流动更加高效。

可以说，区块链技术刷新了互联网的交易方式和交易结构，以去中心化、分布式结构重新定义了整个社会的交易方式和交易结构。

区块链技术在数字经济领域，可以得到很多应用。

（1）促进交易信息透明性。我们可以透明、安全、数字化地追踪交易前、交易中、交易后的资产所有权，让交易信息更加透明化。

（2）促进交易信息流动性。应用区块链技术，可以让我们的日常支付、股票交易、信用贷款等行为产生明显的流动性变化，为数字经济的发展带来新方式。

（二）在数字经济领域开展区块链技术的应用——以京东为例

2018 年 3 月 22 日，京东集团正式发布区块链方案白皮书，称未来以区块链为“链接器”，结合自身在云计算、人工智能、物联网等新技术上积累的经验，构建智慧供应链体系、零售网络和金融科技，拉近商品与客户的距离，在无界零售的集团战略指引下，全面开放自身的区块链技术积累。

同时，京东区块链方案白皮书显示，京东集团于 2016 年就全面启动了区块链技术在京东业务场景中的应用探索与研发实践，先后在数据交易、供应链管理、金融科技等领域进行了实践，并落地了不同的区块链应用，在实践的过程中，不仅积累了大量的区块链部署经验与底层技术研发能力，还将继续开发和使用区块链技术。

京东认为区块链技术在以下三个方向存在引领数字经济变革的巨大的应用机会。

1. 用区块链搭建共享数据存储网络

区块链具有存储数据、共有数据、分布式、防篡改与保护隐私、数字化合约等技术，这些技术符合京东区块链技术实践白皮书项目的核心特征。

基于区块链技术特征，部署跨主体间的区块链联盟链节点和桥接，用区块链技术搭建一张社会化的共享数据存储网络，有机会以客观的技术手段来解决跨主体的信任问题。

2. 提升交易效率，降低交易风险

与传统的交易方式相比，区块链技术能够做到去中心化，交易过程中数据和价值的传递或转移更加快速和安全。同时，基于区块链智能合约等多种模式的商业交易，可以大幅减少数据核实的环节并降低成本，从而使得交易更具确定性。

3. 搭建联盟链，促进供应链数据互通

区块链技术可以搭建供应链全流程节点共同维护的联盟链，在联盟链中建立数据维护的参与规则与激励机制，从而为参与的企业和消费者带来便利。

区块链技术鼓励供应链节点中的企业参与和维护供应链数据，促进供应链数据的协同和互通，进而提升整条供应链的透明度，为消费者购买商品的溯源和防伪提供技术支持。

运用区块链技术推动价值大数据的记录、流动和交换，使线上的企业与线下的消费者通过联盟链进行数据互通，有利于推动数字经济的进一步发展。

总体来看，在数字经济领域，我国正从跟跑者、并跑者逐渐变成领跑者，要建设网络强国、数字中国、智慧社会，推动互联网、大数据、人工智能和实体经济深度融合，在创新引领、共享经济等领域培育新增长点、形成新动能，为我国数字经济的发展带来新动力。

二、区块链技术将参与下一代物联网架构

近几年，互联网发展进入“互联网 +”的新行态，这种新行态推动下的“互联网 + 各个传统行业”的经济社会发展新形态，为各行各业的改革、创新、发展提供了广阔的网络平台。

当前，信息化时代进入空前重要的发展阶段，互联网能够实现“物物相连”，让所有能行使独立功能的普通物体组成互联互通的网络，通过网络技术将传感器、控制器和客观实体连通起来，实现智能化管理和控制。例如，通过射频识别（RFID）、红外感应器、全球定位系统、激光扫描器等信息传感设备，按约定的协议把任何物品与互联网连接起来，进行信息交换和通信，以实现智能化识别、定位、跟踪、监控和管理。

物联网的这种连接方式，实现了数据在信息世界的全生命周期的流通管理。但是，物联网技术也面临着许多问题和挑战，如传感器数据的采集缺乏标签身份认证，中心化存储的数据风险高，物联网金融领域应用的安防成本高等，这些问题有可能成为物联网在未来发展和应用的巨大障碍。

未来想要真正实现价值物联网，少不了与区块链技术的融合，下面介绍几个已经应用了区块链技术的物联网项目。

（一）沃尔顿与“沃尔顿链”

“沃尔顿”三字源于查理·沃尔顿（Charlie Walton），查理·沃尔顿生于美国加州，是 RFID 技术的发明人，RFLD 可通过无线电讯号识别特定目标并读写相关数据，而无须识别系统与特定目标之间建立机械或光学接触。也就是说，从概念上来讲，RFID 类似于条码扫描。条码技术是将已编码的条形码附着于目标物，并使用专用的扫描读写器，利用光信号将信息由条形磁传送到扫描读写器。而 RFID 则使用专用的 RFID 读写器及专门的可附着于目标物的 RFID 标签，利用频率信号将信息由 RFID 标签传送至 RFID 读写器。

如今，RFID 技术在全球普遍应用，从身份识别到高速路计费再到手机支付、信用卡支付等，到处都有 RFID 的身影。

相对来说，“沃尔顿链”对保障交易数据的安全性有借鉴作用，这主要得益于“沃尔顿链”的交易流程中引入了区块链技术，即“沃尔顿链”总共发行 1 亿个，在创世块中被创设，然后按既定的方案分配到各账户，在之后的交易中总量保持不变。通过去中心化网络，更多的账户将通过节点被创建，“沃尔顿链”交易也将在账户间大量进行。每隔 60 秒，当前时段发生的交易将被记录到区块，链接到前一个区块，形成沃尔顿母链，作为沃尔顿链交易的公共账本，分布式存储于网络中的各个节点，保障交易数据的安全可靠。

（二）“沃尔顿链”与价值物联网

2018 年 1 月 28 日，“沃尔顿链”项目主办了“物联革命，芯享未来”区块链应用趋势展望论坛，在此次论坛上，各方专业人士就区块链未来的应用前景发表了自己独到的见解，并对价值物联网开创物联网发展进行了设想和预想。结合该论坛的主要内容，下面进一步阐述区块链技术在价值物联网上的应用。

“沃尔顿链”介绍了 RFID 技术和区块链技术引领的价值物联网，可以给如今面临的物联网发展问题提供解决方案。

也就是说，通过以 RFID 芯片为核心构筑的底层硬件平台，将现实世界中的物品标签、事件标签、人物身体标签等实体标签与互联网的虚拟世界进行连通，并结合区块链技术这条传递价值、构造信任的纽带，来实现真正意义上的万物互联。

“沃尔顿链”作为区块链物联网的领导者，提出了“价值物联网”这一具有划时代意义的新概念，“沃尔顿链”将搭建一个诚实可信的商业生态，让企业可以根据自己的应用需求建立各式各样的子链。

这条商业生态链的主要特征是所有的数据（含物权归属数据、商品流转数据等）真实可信、不可篡改，带有时间戳，如此就能建立一个诚信、真实、可靠的商业生态圈。

“沃尔顿链”作为区块链物联网的领导者，提出了“价值物联网”的概念，同时还将推进区块链技术由互联网向物联网贯通，打造真实可信、可溯源、数据完全共享、信息完全透明的商业模式。

1.“沃尔顿链”项目 1.0 阶段

“沃尔顿链”已经开发出基于 RFID 技术的服装系统集成方案，此方案在才子服饰、卡尔丹顿等企业进行了试点应用，并研发了拥有自主知识产权的 RFID 信标芯片，芯片在传统 RFID 芯片上创新地集成非对称加密算法，可望实现物联网与区块链的完美结合，解决传统服装行业从仓储、物流到门店、售后中出现的问题。

2.“沃尔顿链”项目 2.0 阶段

通过“沃尔顿链”灵活而强大的 Token 创建和交易功能，实现集合支付、赠送、同币交易、跨币交易的完备功能；通过优化的区块链数据结构设计，实现商品采购、配送、入库盘点、出库、门店、上架盘点、销售、客户购买、客户评价、客户售后完整信息上链。

若是将 Token 创建、交易功能与区块链数据结构相结合，客户能够对商品进行追溯；商家能够实现自动化管理，全面掌握市场动态；物流行业能够实现自动化管理的信息平台，打造真正的上门提货、定价出单、包装入库、分拣配送、仓库管理、分拣派送、客户签收、客户评价反馈的完整业务流程，从而真正地实现客户、商家、“沃尔顿链”三赢战略。

3.“沃尔顿链”项目 3.0 阶段

这一阶段的目的主要是实现智能化管理，可以分为以下几个流程。

（1）将数据结构引用到区块链上。

（2）利用 RFID，保证信息的可靠。

（3）区块链的公开和可追溯性，追踪信息来源。

（4）区块链记录生产业务流行。

根据上述流程，将“沃尔顿链”技术应用到所有的产品生产厂家，从而实现智能包装和产品可溯源定制。此时，将描述产品生产周期信息的通用数据结构写入区块链，并利用可编的特点，对不同类型产品进行定制化数据结构设计，并结合 RFID 身份识别，保障上链信息的真实可靠，这些信息覆盖原材料采购、生产操作、组装操作、产品包装、产品库存管理的完整环节。

最后，利用区块链的公开和可溯源特性，可以鉴别产品的原材料来源与生产品质，追踪质量问题的源头。对于消费者来说，能够消除产品伪造的可能性，打破信息屏障；对于产品生产厂家来说，通过区块链对生产业务流程信息进行规范可靠的记录，能够为他们提供低成本的数据信息解决方案，从而实现智能化管理。

4.“沃尔顿链”项目 4.0 阶段

随着资产信息采集硬件的升级，区块链数据结构日渐完善，未来可以将所有的资产登记上“沃尔顿链”，解决所有资产归属、物品溯源、交易凭证的问题。

此时，沃尔顿链将成为价值物联网的基础设施，改变人们原来的生活生产方式，实现真正的物物相连。

实现价值物联网将打造现有商业的全新生态，这基于区块链与物联网的有机融合；推进区块链技术由互联网向物联网贯通，打造真实可信、可溯源、数据完全共享、信息完全透明的商业模式，依赖于 RFID 技术与“沃尔顿链”的结合。由此可见，想要实现真正的物联网，还需要将区块链技术与物联网进行深层次的融合与创新。

三、区块链将缔造一个崭新的共享经济

从共享租车滴滴到共享办公 WeWork，不得不说共享经济正在快速地渗透到人们生活的每一个方面。而区块链的诞生，不仅能推动普惠金融的大步向前发展，也将重新缔造一个崭新的共享经济。

（一）区块链拓宽共享领域

关于区块链拓宽共享经济的领域，总体来说，可从以下两方面进行深层次的开发。

1. 智能合约技术

区块链借助智能合约技术，能够自动执行满足某项条件下的操作，也能够使得更多商品被“共享”，大幅降低契约建立和执行的成本。

例如，具有自主知识产权的腾讯区块链行业解决方案也于腾讯官方网站正式发布。在数字经济时代，腾讯区块链将以其高性能、高安全性、高速接入、高效运营等核心优势，在鉴证证明、智能合约、共享经济、数字资产等领域拥有多样化的应用前景。

2. 去中心化技术

共享经济一个非常重要的问题就是信用问题，区块链能够帮助其解决用户的信任问题，这去除了共享经济的信任障碍。

比如，电子商务等交易行为都是以买家和卖家之间建立信任为基础的。任何一个买家与卖家之间需要建立信任，才能推动交易的顺利进行，区块链技术的应用和分散化信任，比传统电子交易模型中买家与卖家之间信任要强大很多，在今后的区块链服务中，将应用到电子商务更广泛的应用中，将允许个人之间直接互联、共享和交易，它是一个真正能够实现对等交易和共享经济的平台。

（二）将区块链技术应用到共享经济的案例

将区块链技术应用到共享经济的公司有很多，下面以 21 Inc 为例，分析其是如何将区块链技术完美地应用到了共享领域的。

21 Inc 是一家区块链创业公司，主要业务就是提供一款嵌入式芯片 BitShare，允许用户使用智能手机和其他互联网设备进行比特币挖矿。

此后，21 Inc 统一推出了新产品 Ping21，这是一个全新的技术概念。

基于 Ping21 技术，用户通过利用统一推出的微支付市场，将不需要支付昂贵的包月费，客户端只需要向网络提交一个请求，Ping21 服务的比特币电脑会自动执行 Ping 操作，检查网站，收集任何有必要的数据，并将这些数据提交给用户，最后用户可以使用比特币进行付款。

21 Inc 公司表示，有了这个交易平台之后，经济活动的发生就不再需要用户持有银行账户，或在交易过程中使用政府支持的货币，可以让用户与用户之间的自由交易变为可能。

该公司的工程师对交易原理进行了介绍，即机器到机器端之间发送和接收比特币的能力具有潜力解锁一种新型的“机器经济”，其中机器能够定期地将数据和服务交易量化为比特币。通过使用比特币微交易来激励机器操作者，21 Inc 公司就可以得到世界各地非常准确的实时网络状况数据。

但是，21 Inc 的终极想法并不是这个，而是把具有上述功能的芯片嵌入智能手机，到时候 Wi-Fi 分享就可以使用 21 Inc 的技术。也就是说，进入某个公共区域时，我们不用刻意询问免费的 Wi-Fi 密码，安装在手机的芯片会根据周围可提供的愿意分享自己 Wi-Fi 流量的号码自动登录，并根据使用时间和流量收费。

四、区块链将与未来能源互联网一一对应

从具体特征来看，区块链技术也能与能源互联网的特征一一对应。区块链中的智能合约技术将与能源互联网相辅相成、共同发展，主要体现在以下几个方面。

（一）开放

能源互联网，应该是一个开放式的体系结构，在这个体系结构中的信息可以随时随地接入与获取，可再生能源、储能以及用能装置可以“即插即用”。

若是引用了区块链技术，特别是区块链技术中的公有链技术，就能够使信息节点的加入几乎完全开放，任何个人和设备都可以加入公有链能源网络参与记账和交易。同时，在公有链能源网络中，整个系统的运作规则是公开透明的，对于用户来说，所有能源信息数据内容也是相对公开的。

（二）分享

能源互联网的分享，就好比社交网络的信息分享机制，各种信息动态能够及时更新、交换，能源能量也能够实时更新和交换，以分散式的能量信息局部最优实现全局能量管理的调度优化。

而在区块链中，信任来自节点之间的信息分享，整个系统通过分布

数据库的形式，让每个参与节点都能获得一份完整数据库的拷贝，并且区块链构建了一整套协议机制，让全网络的每个节点在参与记录数据的同时，也参与验证其他节点记录结果的正确性。

能源互联网可引入区块链技术，即系统通过分布数据库的形式，让每个参与能量交换的用户都能获得一份完整数据库的拷贝，基于区块链构建的一整套协议机制，让全网络的每个用户在参与记录数据的同时，也参与验证其他用户交易记录结果的正确性。所以，能源互联网系统可以被看作一个信任分享系统。

（三）对等

与传统电网自上向下的树状结构相比，能源互联网是自下而上、能量自治单元之间的对等互联。而区块链的整个网络没有中心化的硬件或者管理机构，任意节点之间的权利和义务都是均等的，且某一节点的损坏或者失去都不会影响整个系统的运作。

也就是说，引入区块链技术后，整个能源网络中没有中心化的硬件或者管理机构，每个环节之间的权利和义务都是均等的，且某一环节的损坏或者失去都不会影响整个系统的运作，具有极好的稳定性。

（四）互联

在能源局域网中，不仅能源生产端和消费端实现互联，能源生产端和生产端、消费端和消费端也需要实现广域互联。并且，不同形式的能源可以实现转换和互补，带来资源配置的广泛性。

第四节　算法驱动的信任机器

从本质上看，区块链是一种去中心化的分布式记账系统，其利用共识机制能够实现在完全不信任的各方之间建立一种信任关系，使链条上各区块中所储存数据的价值可以被传递，从而产生经济效益。与传统中心化信息系统不同的是，区块链利用非对称加密、分布式存储、共识机制等技术，可以做到不依赖任何可信第三方实现数据防篡改、数据确权等功能。

一、共识算法

共识算法又称共识机制，是用来解决区块链中各节点对某个提案或记录达成共识的过程。在点对点网络中，网络延迟现象较为严重，因此区块链中的各节点看到事务发生的先后顺序有可能不一致。如何在区块链的应用实践中保证系统满足不同程度的数据一致性，还需要运用共识算法来达成。

根据算法解决的问题是否为拜占庭错误情况，共识算法大致可以分为两类：一类是解决非拜占庭的普通错误情况的共识算法，目前已有的经典算法包括Paxos、Raft及其变形算法等；另一类是解决拜占庭错误情况的共识算法，目前常用的算法包括以PoW为代表的概率算法，以及以PBFT为代表的确定性系列算法。下面主要介绍区块链中使用较多的四类共识算法。

（一）Paxos算法

Paxos问题是指在一个分布式的系统中，在有系统故障但不存在恶意节点的情况下，如何使各节点达成共识。Paxos算法正是用来解决该问题的算法。算法基于两阶段提交的原理，通过消息的传递和扩散，消除系统中的不确定因素，从而使系统中各节点达成共识。算法将分布式系统中的节点分为三类：提案者、接受者和学习者。提案者负责提出提案；接受者负责对提案进行投票，接受提案；学习者负责获取投票结果并进行传播，但不参与投票过程。

Paxos算法的基本流程如下：

（1）提案者需要先争取到提案的权利，即得到大多数接受者的支持。

（2）得到提案权利后，提案者将提案发送给所有人确认。

（3）得到大部分人确认的提案成为获批准的提案。

Paxos算法不保证系统随时都处于一致性的状态，但是由于系统每次达成一致的过程都需要半数以上节点的参与，因此系统最终会达成一致，获得共识。

（二）Raft算法

Raft算法是由斯坦福大学的迭戈·安加罗（Diego Ongaro）和约翰·欧

斯特霍特（John Ousterhout）在2014年提出的。该算法解决了如何使多个决策达成一致的问题，并且通过设定约束条件减少了不确定性的空间。与Paxos算法类似，Raft算法也将节点分为三类角色：领导者、候选领导者和跟随者。与Paxos不同的是，Raft算法要求在决策前先选举出一个全局的领导者，该领导者决定了日志的提交，并且只能由领导者向跟随者单向传递。

Raft算法的基本流程分为两步。第一步进行领导者选举。一开始，全部节点均为跟随者。在发生随机超时后，节点如果没有收到来自领导者或候选领导者的消息，则自动转变为候选领导者，提出选举请求。候选领导者中得票超过半数的最终成为领导者，负责从客户端接收日志并分发到各个节点。第二步是日志同步。领导者找到系统中的最新日志后，会要求所有跟随者强制更新该日志。此时，数据同步是单向的。

（三）PBFT算法

PBFT算法由米盖尔·卡斯通（Miguel Castro）和芭芭拉·利斯科夫（Barbara Liskov）在1999年提出，在对BFT算法进行优化的基础上，将BFT算法的计算复杂度由指数级降低到了多项式级，大大提高了拜占庭容错算法的效率，因此可以用于解决实际系统中的拜占庭容错问题。PBFT算法能够在保证活性和安全性的前提下提供$(N-1)/3$的容错性，也就是节点数需要达到$3F+1$个节点才能容错F个节点。其中，N为计算机总数，F为有问题的计算机总数，即只要系统中有2/3的节点是正常工作的，就可以保证一致性。

PBFT算法的基本流程分为三步。第一步是选出主节点，可以采用轮换或随机选取的方式。第二步是广播请求。客户端将请求发送给主节点后，主节点负责把客户端的请求广播给系统中的其他节点。第三步是处理请求。所有收到请求的节点将处理的结果反馈给客户端，当客户端验证已经收到来自$F+1$个不同节点的相同结果时，便将此结果作为最终结果。

（四）PoX系列算法

PoX系列算法包括工作量证明算法（proof of work，PoW）、股权证明算法（proof of stake，PoS）、授权权益证明算法（Delegated Proof of Stake，DPoS）等。

PoW 算法是比特币在区块的生成过程中使用的最原始的区块链共识算法，主要通过工作量的大小来统计数据。例如，一块矿石的含铁量为 5%，那么要得到数量为 5 的铁时就需要 100 个这样的矿石。因此，得到的铁越多，就说明用于提炼的铁矿石越多；换言之，铁越多就越可靠。又如，通常情况下，一位在美国待了 10 年的中国人，回来之后几乎不用接受英语水平考察，因为他在美国待了 10 年，我们相信他的英文表达能力肯定是没有问题的。也就是说，他在美国的 10 年大多数是用英文交流的，他已经投入了足够多的工作量，这个工作量与他的英文熟练程度是呈正相关的。

PoS 算法的原理类似于储蓄，银行会根据客户持有“数字货币”的量和时间分配相应的利息。简单地说，PoS 算法就是一种根据持有“货币”的量和时间发利息的制度。在 PoS 模式下，有一个名词叫币龄，每个币每天产生 1 币龄。例如，某人持有 100 个币，总共持有了 30 天，那么他的币龄就是 3000。假定利息为年利率 5%，他每被清空 365 币龄时，就会从区块中获得 0.05 个币的利息。

DPoS 算法的原理是让每一个持有比特股的人进行投票选出记账人，一般是产生 101 位记账人，可以将其理解为 101 个超级节点或矿池，这 101 个超级节点的权利是完全相等的。任何用户都可以参与竞选记账人，然后用自己的持币量投票，持币量多的投票权重大。每一轮选举结束后，得票率最高的 101 个用户将成为项目的记账人，负责打包区块、维持系统的运作并获得相应的奖励。

这三种算法各有优点。PoW 算法的优点是实现起来较容易，系统中的节点无须交换太多信息就可以达成共识，但打破共识的成本较高；PoS 算法的优点是其消耗的算力比 PoW 消耗的算力少得多；DPoS 算法的优点是大幅减少了参与验证和记账的节点数量，实现秒级达成共识。

当然，这三种算法也存在各自的弊端。PoW 算法耗时、耗能较多；PoS 算法导致即使权益拥有者不希望参与记账但仍需挖矿；DPoS 算法最大的缺点是使用通证。

二、数据难以篡改

数据难以篡改是指数据一旦经过验证并被添加至区块链中，将会永久地存储在区块链中，除非能够同时控制区块链系统中超过 51% 的节点，否则单个节点上对数据的伪造和修改均是无效的。

为了方便读者理解，我们现以微信群为例对数据难以篡改的特性进行解释。假设一个微信群有 500 人，每个人的手机上都有聊天记录的完整备份，任何人都不可能修改别人手机上的聊天记录，哪怕是腾讯也无法修改别人手机上的聊天记录。因此，如果有人伪造或修改了自己手机上的聊天记录，其他群友可以提出指正。只要有多个群友拿出证据证明这个人伪造和修改了记录，那就可以证明这个人确实伪造和修改了聊天记录。所以，微信群的聊天记录其实就是一个难以篡改的数据库。

同理，区块链中也保存了一些特定的“聊天记录”——交易，这些历史交易使用区块链的方式保存就难以篡改。其原理和微信群聊天记录难以篡改是一样的，就是所有在该区块链中的个体（被称为节点）都完整地保留了一份交易的历史记录，任何个体想伪造或修改这些历史记录，其他个体都可以拿出自己的交易记录备份，以此证明有心怀不轨的个体试图作弊。只要发现作弊的个体，区块链中的其他个体就会将该个体孤立或直接排除出该区块链。因此，区块链可以真正实现数据的防伪和难以篡改。

然而，区块链系统中仍然存在 51% 攻击的可能性。仍以微信群为例，如果在 500 人的微信群中有 251 人统一行动，将聊天记录修改成了一个新的版本，然后都指出其余 249 人的聊天记录是假的，本着少数服从多数的原则，这 249 人就会被迫承认那 251 人的记录是真的，这种情况就被称为 51% 攻击。由此可知，微信群的聊天记录难以篡改的前提条件是不会出现一半以上的人统一协调起来篡改的情况。如果发生此类情况，那就无法保证聊天记录的防伪和难以篡改性。区块链的 51% 攻击也是如此，如果在参与该区块链的个体中有一半以上的个体（这些个体要有能力创造新的区块，被称为挖矿节点）统一行动，那么它们就可以修改区块链的历史记录。

三、数据确权

数据已成为国家的基础性战略资源，但目前规范数据市场交易秩序的数据产权制度尚未建立。数据确权是大数据应用和数据产业发展必须解决的核心问题之一，其主要目的是以法律形式明确数据的产权归属问题，规范数据采集、传输和交易等流程，推动数据资源的整合和利用，加速数据开放、共享及流通，从而降低数据交易的成本，激发大数据及其相关产业的活力，促进数据产业快速发展。

从语义上理解，数据确权就是确定数据的权利人，该权利包括所有权、使用权、收益权等。我们可以从两个层面对其进行理解：一是从权利层面，数据确权就是明确了数据所有权、使用权、收益权等权利的主体；二是从义务层面，数据确权规定了数据使用者对数据保护的责任。

从商业角度看，数据确权就是明确商业过程中数据交易相关方的权利、责任及关系，从而保护交易各方合法权益的过程。商业中的数据确权主要是针对数据权利主体、数据来源、获取时间、使用期限、使用方式、交易方式等属性进行规范，以保证数据交易各方正常完成交易过程，从而确保商业活动的顺利进行。

数据交易过程中的权属问题存在以下三个难点需要解决：

（1）所有权的确认和管理。

（2）重要数据的溯源。

（3）必要的隐私保护机制。

利用区块链技术，这三个问题都可以很好地得到解决。首先，区块链技术拥有分布式的共享账本，数据的所有权都是写在链条上，多个节点共同保存该账本，谁都无法随意修改。一旦出现违反数据交易合约的情况，区块链技术可以确保合同的有效性，减少传统情况下取证、仲裁、协调等人工干预环节。其次，区块链技术可以记录数据全生命周期的痕迹。从数据产生、传输，到数据流转、交易等全部数据操作，区块链都可以对其进行记录。一旦发生侵权行为，区块链的存证信息可以随时提供查询功能。最后，由于使用了非对称加密技术，区块链中的每个节点都可以对其产生的数据进行加密，从而保证了交易过程中的数据内容不被泄露。

目前，区块链技术在知识产权保护领域的应用已经进入了实践阶段。国外的 Monographs Colo、Blockai、SingularDTV 等区块链，以及国内的亿书、纸贵、原本等团队都瞄准了区块链解决知识产权保护的问题。区块链技术的引入，将大幅提升知识产权保护服务的效率和水平。从数据确权、权利使用到权利维护，区块链技术可以完整地记录作品从创造之初的灵感闪现到完成的全部过程，并且保证数据内容和价值转移过程的可信赖、可追溯以及透明化。

第五节　区块链技术冲击现有的商业组织结构与运行规则

区块链的价值不只是在“数字货币”方面，其更大的价值是使人们看到怎样用一种技术手段，让全社会的交易成本大幅下降。

工业社会形成的信用和交易体系成本是非常高的。任何两个人或多个交易方之间的交易达成过程需要有大量的中介机构服务其中，如律师、审计等，这些中介机构又有自己的流程。而区块链思维，包括去中心化与去中介化、可编程的智能合约、灵活的通证激励机制，以及这些所代表的商业自治和分布式协作的商业治理与协作范式，让人们有可能建立一种更可信的交易关系。因为可信，交易各方之间可以实现智能合约的自动执行，就不再需要依靠原来的中间环节去保证交易的顺利执行了。所以，一旦人们建立了这样一种商业自治和分布式协作的体系结构，社会上因为中间不可信所诞生的行业就可能会被改造甚至淘汰。

充分区块链化后的商业世界也许就是点到点的，每个人都是信息的生产和传播中心。以这样一种结构来建立可信的交易关系，然后在这个可信交易关系的基础上再构建商业自治、分布式协作等新型的商业规则和秩序。

这里将以一种“演化”的视角，从区块链可能引发的商业组织结构变革、商业运行规则变革，以及智能合约与通证机制对股份制的影响等几个层面，讨论区块链技术对现有商业组织结构与运行规则的冲击，希望能够帮助人们建立一种新型的经济体系或经济生态。

一、商业组织结构变革

这里讨论时下热议的话题——区块链的去除中间人思维，然后深层地论述其对当今商业组织结构可能带来的冲击。

从互联网时代开始，似乎一切都在去中介化，就如瓜子二手车的广告明确喊出来的“没有中间商赚差价”。现在区块链来了，似乎每一次新科技都预示着中间人的终结和直接交易的前景，毕竟如果买方和卖方能直接沟通，谁还会需要中间人呢？

互联网取代了诸如处理交易的股票经纪人和只负责接单的旅行代理人这类只是通过信息不对称赚钱的中间人，但还有很多中间人无法被取代，如那些让买卖双方都受益的中间人。其中的根本原因在于对信任的需求。那么，区块链让信任的成本变得很低之后，会不会真正实现完全的去中介化，消灭中间人这类行业呢？

美国知名记者玛丽娜·克拉科夫斯基（Marina Krakovsky）在《中间人经济》这本书中分析了不同的中间人角色以及他们给买卖双方创造的价值。玛丽娜认为，中间人与买卖双方的沟通频率远远高于那些试图越过中间人直接交易的人之间的沟通频率，所以中间人更容易与买卖双方建立信任；而如果中间人能为双方提供其他增值服务，那么他将更难被替代。

在玛丽娜的分析中，中间人有五种不同的角色：搭桥者、认证者、强制者、风险承担者、隔离者。下面分别讨论他们的价值，并分析区块链“去除”他们的可能性。

第一种角色是搭桥者，他们通过缩短物理空间、社交或时间上的距离促成交易。

理论上，人们能和任何人交易，但在实际操作中，交易对象还是会有一定的限制。地理位置把人分隔开来，这提供了巨大的贸易获利的潜力，但同时也造成了大量的贸易壁垒。中间人则可能理解双方的需求和文化，能够穿透这样的壁垒。

此外，社交距离更加重要，距离只有几千米的人也会因为社交距离的存在而毫无联系。互联网缩短了人与人之间的距离，区块链让人们建立信任的成本变得很低，但人们仍然喜欢“抱团”“混圈子”，圈子与圈子之间的社交距离也仍然存在。这种人与人之间初始信任的建立和社交体验的需求是互联网和区块链无法取代的。而搭桥者让买卖双方走到一起，促成初始信任的建立，进而达成交易。或许将来人们可以借助人工智能助手和云端大数据实现初始信任的建立，甚至通过虚拟现实技术满足自身对社交体验的需求，那么搭桥者依然可以提供智能助手交流平台、大数据检索服务和虚拟现实平台方面的中间服务。

第二种角色是认证者，他们能去伪存真，为买方提供关于卖方质量的可靠信息。

认证者是中间人扮演的最普遍、最有用的一种角色，其能为买方筛选出合适的卖方，节省买方的时间，降低买方被骗的风险。例如，细分领域的专业猎头就能帮助企业更快地找到合适的候选人。这也是当前匿名的区块链体系无法解决的问题。当然，区块链技术也可以方便地与现行的认证者结合。但只依靠区块链技术本身，是无法完全替代认证者的作用的。

认证者为什么会成为专家，进而获得报酬呢？经济学家加里·莱恩克（Gary Lineker）在1993年就给出了解释，他观察到“中间人比一个普通的买方买过更多的东西”。对于买方来说，为了只用一次的东西学习新知识和技能是浪费时间。中间人则不同，他会一直购买同一类物品。而且，中间人有“为自己做大量投资的动机，他们希望借此获得能辨别这类物品品质的能力”。这是单纯依靠区块链技术无法解决的问题。但是，倘若与人工智能和身份认证技术相结合，这类问题还是有可能得到解决的。

诚信的卖家也会遇到难题，就是无法证明自己的可信度，他们的产品卖不上好价钱，于是一些人就会退出市场。这样一来，市场上就充斥着毫无可信度的卖家，进一步侵蚀买家的信任和出价意愿，这样的恶性循环就会导致“逆向选择”。而有了中间人，市场整体则可能不会出现这种“劣币驱逐良币”的现象。区块链技术与其他技术结合，再经过一定时间的发展和迭代，从远期来看是能够解决这类信任问题的。

第三种角色是强制者，他们能保证买卖双方全力以赴，互相合作并坚守诚信。

中间人要保证交易进行，还需要成为强制者，否则他就只能够发现卖方的隐蔽信息，但不能保护买方。中间人成为强制者的要求之一便是能保证与卖方的稳定关系。如果这种稳定关系的未来价值高于现在欺骗买方带来的好处，那么就可以避免产生道德风险。如果缺乏这样的关系，理论上卖方就可以欺骗买方。

区块链技术体系下的智能合约可以起到建立和自动执行这类规则并提高效率的作用，但要实现完全避免交易双方的道德风险，还需要一套系统的规则与秩序来支撑。这类规则与秩序的发起、迭代和执行完全依靠自发和自治是否能够实现还需进一步实践。在这之前，中间人作为强制者的角色仍然不可或缺。

第四种角色是风险承担者，他们可以减少波动和其他形式的不确定性，尤其适合风险厌恶型交易者。

当代艺术品市场就是一个高度不稳定的市场。人们在失去工作或投资暴跌时，就会把艺术品卖掉；在经济基础薄弱时，有钱人也不倾向于购买艺术品。此外，人们对艺术品的品位也存在主观性，哪怕是已经成名的艺术家，其作品的销量也是不可预测的。

与画家相比，中间人能承担更多的风险，因为他们比买方和卖方接触的人更多。例如，画廊经营者可以通过代理不同画家的作品组合，在一定程度上分散风险。如果没有画廊经营者，艺术家要自己支付租金和其他市场费用，不知什么时候才能收回成本。大多数艺术家都不能承受这种风险。中间人也通过承受风险来从风险溢价中获利。其实，越想规避风险的一方，越不会介意支付风险溢价来降低风险。

从功能和价值上来看，风险承担者必须是一个具有自由意志的法律主体，这完全不是单纯靠技术就能够解决的问题。未来，如果人工智能发展到具有独立的法律地位，或许才有替代风险承担者的可能。当然，这涉及伦理和道德层面的问题，这类问题在人工智能领域已经引发了诸多争议。

第五种角色是隔离者，他们能协助用户获得所需，避免给人留下贪婪、过度自我推销、喜欢挑衅的恶名。

很多情况都需要隔离者，如招聘员工时。通常情况下，那些优秀的求职者都在同行业的其他公司上班，如公司的对手、客户或供应商。然而，招聘经理如果直接去招聘这些员工，有时就会陷入不道德的境地中。而中间人作为代理人和隔离者，就可以保全双方的形象，他能在最好的时机把双方隔离开。有意思的是，可能双方都知道背后是谁在主使，但仍然需要这样的中间人。区块链的匿名机制虽然提供了很好的隔离性，但同时也牺牲了沟通弹性，不利于交易的达成。

以上是五种中间人所扮演的不同角色，他们除了给买卖双方提供信息乃至信任之外，还提供了其他不同的价值。就如同虽然有了互联网和移动互联网，人们依然需要面对面交流，依然需要看报纸、看电视、打电话等多种交流沟通的方式。同样，区块链虽然能提供一种人与人之间建立信任的方式，但不能代替人们所有的沟通和建立信任的方式。因此，至少在形成全新的交易和沟通习惯（人工智能和机器交流完全替代人与人之间当面交流）之前，仍然需要大量的中间人，因为他们在交易和沟通中提供了不可替代的作用。各类中间人也不会故步自封，他们也会积极地运用区块链、人工智能、大数据和云计算等技术工具，改造和发展自己的服务流程、方式和效率。

二、商业运行规则变革

从比特币开始，去中心化和去中介化便成了区块链的代名词。而从以太坊开始，可编程、可自动执行的智能合约和灵活多样的通证机制成了诸多投融资项目趋之若鹜的原因。究其根本，还是因为区块链技术支撑起的可编程的商业运行规则比原有的股份制执行起来成本更低、效率更高。那么，这种新的规则是否能够引发现行股份制的演化，甚至取而代之呢？这还是要从股份制的起源说起。

曾经很长一段时间里，股份制是很先进的商业运行规则，它能把相互陌生但目标趋同的人们团结到一起以达成协作。这还要追溯到 500 多年前的大航海时代。当时西班牙人、葡萄牙人、英国人都要坐船出去冒险，可是单个人很难凑到那么多钱，于是大家就一起来凑，成立了一家股份制公司。每次出海探险回来后，再按照当初约定的股份比例来分配利润。因此，股份制在当时近乎完美地解决了合作者之间信任、协作、分配的关系，是很先进的商业运行规则。

但是，500 多年过去了，社会生产力水平已经发生了指数级的提升，股份制作为一种在大航海时代发展出来的协作规则沿用至今，已经开始逐渐暴露出诸多无法掩盖的弊端。这些弊端的根本原因就是在股份制下，人们建立协作规则的首要目标是追求利润，企业只对股东赚取利润负责，市场把利润作为评估企业的唯一标尺。这与当代社会人文主义精神之间产生的矛盾越发不可调和，与最大限度地调动组织内个体创造性的发展趋势背道而驰。

例如，在许多国家，证券交易机构可以用虚假交易无限卖空。这种纯以逐利为目的的行为当然是违法的，但因为没有有效的方法来执行已有的法规而在股票市场上经常发生。这些国家一直都存在一种现象：有些公司的股票在交易所被无限卖空，导致股价一直非常低迷，造成公司运作上的困难。这种问题想要通过司法途径解决，但又因为技术上的原因而无法立案。

现在，区块链来了。从遏制违规违法行为到促进股权制的演化等问题，区块链所带来的可编程商业规则以及全新的通证激励机制，为人们带来了解决上述问题的发展思路和实践方向。

例如，人们可以使用区块链技术追踪股票市场，无限卖空就不可能发生了。可编程的智能合约可以实现一旦有人无限卖空，就把卖空的股票自动买回来。

又如，通过“数字货币”证券化，将通证的激励机制接入到现有金融体系中来，促进股权制的演化。在这方面，多个国家和地区都已进行了积极的探索和实践。

近几年来，欧洲央行、日本央行、加拿大央行进行了多次基于区块链技术的股票交易实验。其中，欧洲央行和日本央行报告是在2018年3月提出来的，他们认为实验取得了成功。2017年5月，加拿大央行用区块链做支付，结果实验失败。但是在2018年5月中旬，加拿大央行也宣布可以将区块链技术用在股票交易上。而美国证券交易委员会（SEC）认为“数字货币”都是“证券数字货币”，要以证券法来管“数字货币”。如果依据美国现行的证券法来判定，大部分“数字货币”交易所都是违法的。在这种环境下，“数字货币”的交易将会非常透明。但同时另一个问题也摆在美国证券交易委员会面前，那就是如何执行这些法规。加拿大对这个问题实践了一种解决方案。

当前，加拿大只有上市公司才能发“证券数字货币”。而且，每家上市公司如果要发“证券数字货币”，就必须进行重新审核，要历经股票发行和“数字货币”发行审核两次。这意味着发行了“数字货币”的公司一旦涉嫌违规，将面临下市和下币双重风险。收益和风险同时扩大，代表了一种“数字货币”证券化的演化方向。2018年3月，巴哈马举行了世界上第一个“证券数字货币”的国际会议，并且已经有80家公司在加拿大注册准备发行“证券数字货币”，参与到“数字货币”证券化的实践中来。

对于可编程商业规则和通证激励机制促进股权制的演化，人们持有谨慎、乐观的态度。当前股份制下资本家追求垄断，是因为追求垄断行业后的利润。最好的方法不是用法律去判定和惩罚那些违规者，而是从根本上把资本家只追求利润的天性消除掉。在区块链构建的可编程社会规则和多元灵活的通证激励机制下，人们有可能实现多种原来股份制下不可能实现的协作关系，使纯粹追逐利润的行为反而达不到其目的。

一是区块链技术所带来的价值分配机制——通证，让实现产品的所有者、生产者、使用者的统一成为可能；二是代码代替传统契约后，人们建立协作的机制可以从协商变为广播，达成和执行协作的效率大大提升；三是区块链技术的深度应用，让创意、数据、行为等隐形资产显性表达成为可能，也让有能力贡献隐形资产的个人或团体更有意愿参与协作。

我们可以畅想一下区块链所代表的商业自治和分布式协作实现后的情形。在上述新的商业运行规则的作用下，原本为了单一地追逐利润的行为将变得不能实现其目的，人们自然会更愿意摆脱原本的对抗关系，转而构建一种广泛共赢的商业运行规则与秩序。例如，打破原有公司的边界，实现规则透明、组织松散、目标明确、利润合理的商业协作；打破渠道的控制和垄断，实现渠道扁平化；创建低成本的组织个性化生产和专门定制的协作平台；等等。

如今，区块链这场社会学实验已经在世界各地展开。观察者、研究者和实践者们怀着各自不同的目的，但都积极地参与其中、乐此不疲。而人工智能和大数据技术的发展和应用，使搭建虚拟的商业和经济模型成为可能，让区块链在这样的虚拟环境（沙盒）中演化迭代。这可以使人们在不必承担糟糕后果的前提下放心试错，充分验证区块链商业组织结构的可行性；也为社会组织结构的演化研究提供了全新的方式方法，或许可以大大加快基于区块链技术的商业组织结构演化的进程。毕竟无论对一项实验来说，还是对一个物种的演化来说，试错才是唯一的发展途径。而且，试错越快，发展也就越快。

区块链的意义在于，它带给了人们一种实现全新的商业运行规则的可能。一旦区块链思维作为一种人类协作范式，与人工智能代表的生产力、大数据代表的生产资料相结合后，将可能使这种冲击变得广泛且巨大，进而演变成一种无法阻挡的趋势，推动人类社会发展到一个崭新的阶段。

参考文献

[1] 顾娟 . 区块链 [M]. 北京：中国纺织出版社，2020.
[2] 杜均 . 区块链 +[M]. 北京：机械工业出版社，2020.
[3] 蔡恒进，蔡天琪，耿嘉伟 . 人机智能融合的区块链系统 [M]. 武汉：华中科技大学出版社，2019.
[4] 劳佳迪 . 你好啊，区块链！ [M]. 上海：东方出版中心，2020.
[5] 龚健，王晶 . 产业区块链 [M]. 北京：中国广播影视出版社，2020.
[6] 赵何娟，李非凡，周芳鸽 . 区块链 100 问 [M]. 北京：中国科学技术出版社，2020.
[7] 梁伟，刘小欧 . 区块链思维 [M]. 北京：机械工业出版社，2020.
[8] 凌力 . 区块链导论 [M]. 上海：同济大学出版社，2020.
[9] 郑红梅，刘全宝 . 区块链金融 [M]. 西安：西安交通大学出版社，2020.
[10] 王喜文 .5G+ 区块链 [M]. 杭州：浙江教育出版社，2020.
[11] 凌发明 . 区块链 [M]. 北京：北京工业大学出版社，2019.
[12] 彭志红 . 当语言遇到区块链 [M]. 北京：商务印书馆，2019.
[13] 王俊岭，成成 . 漫画区块链 [M]. 北京：北京联合出版公司，2019.
[14] 武卿 . 区块链真相 [M]. 北京：机械工业出版社，2019.
[15] 余丰慧 . 金融科技：大数据、区块链和人工智能的应用与未来 [M]. 杭州：浙江大学出版社，2018.
[16] 陈晓华 . 揭秘区块链 [M]. 北京：北京邮电大学出版社，2019.

[17] 巴比特．区块链十年 [M]. 北京：中国友谊出版公司，2019.
[18] 马永仁．区块链技术原理及应用 [M]. 北京：中国铁道出版社，2019.
[19] 杜宁．监管科技 人工智能与区块链应用之大道 [M]. 北京：中国金融出版社，2018.
[20] 严行方．区块链改变世界 [M]. 北京：中国纺织出版社，2019.
[21] 孔剑平，曹寅，杨辉辉．产业区块链 [M]. 北京：机械工业出版社，2020.
[22] 李亿豪．区块链 + 区块链重建新世界 [M]. 北京：中国商业出版社，2018.
[23] 李志杰，郭杰群，王阳雯．区块链 + 重构与赋能 [M]. 上海：格致出版社，2021.
[24] 戴永彧，林定芃．区块链风暴 [M]. 北京：企业管理出版社，2018.
[25] 张浩．一本书读懂区块链 [M]. 北京：中国商业出版社，2018.
[26] 李天语，韩玥，章卫．中国区块链开放定义（中国链系列丛书）[M]. 上海：上海财经大学出版社，2019.
[27] 颜阳，王斌，邹均．区块链 + 赋能数字经济 [M]. 北京：机械工业出版社，2018.
[28] 王云，郭海峰，李炎鸿．数字经济 区块链的脱虚向实 [M]. 北京：中国物资出版社，2018.
[29] 马慧民，高歌．智能新零售：数据智能时代的零售业变革 [M]. 北京：中国铁道出版社，2018.
[30] 段守平．万物互“链”[M]. 北京：企业管理出版社，2018.
[31] 高奇琦．人工智能治理与区块链革命 [M]. 上海：上海人民出版社，2020.
[32] 梁伟，刘小欧．区块链思维 [M]. 北京：机械工业出版社，2020.